U0179000

多维度变现

沈小星 著

台海出版社

图书在版编目（CIP）数据

多维度变现 / 沈小星著. –– 北京：台海出版社，
2021.11

ISBN 978-7-5168-3127-4

Ⅰ. ①多… Ⅱ. ①沈… Ⅲ. ①财务管理 – 通俗读物
Ⅳ. ①TS976.15–49

中国版本图书馆 CIP 数据核字（2021）第183713号

多维度变现

著　　者：沈小星

出 版 人：蔡　旭
责任编辑：俞滟荣

出版发行：台海出版社
地　　址：北京市东城区景山东街 20 号　　　邮政编码：100009
电　　话：010-64041652（发行，邮购）
传　　真：010-84045799（总编室）
网　　址：www.taimeng.org.cn/thcbs/default.htm
E - m a i l：thcbs@126.com

经　　销：全国各地新华书店
印　　刷：北京盛通印刷股份有限公司
本书如有破损、缺页、装订错误，请与本社联系调换

开　　本：880 毫米 × 1230 毫米　　　　1 / 32
字　　数：181 千字　　　　　　　　　印　　张：8
版　　次：2021 年 11 月第 1 版　　　　印　　次：2021 年 11 月第 1 次印刷
书　　号：ISBN 978-7-5168-3127-4

定　　价：49.00 元

目录 CONTENTS

Part 1 你的微信价值百万：
打造属于你的私域流量池

Part 4　拒绝无效努力：
轻松搞定客户的成交心法

Part 5　做大你的事业：
把你的变现方式升级成你的事业

Part 1

你的微信价值百万：
打造属于你的私域流量池

沈 小 星 微 信

01
底层逻辑：朋友圈变现的 3 个底层逻辑

在这个社交变现的时代，微信作为被广泛使用的社交软件，它的巨大价值有待挖掘。如果你稍有留意，可能会发现你身边的很多人都通过朋友圈赚钱了，可能他们发个朋友圈，第二天就能入账几百、几千、上万甚至上百万。

你对此跃跃欲试，却不知如何才能达到这样的效果，甚至有些人发了朋友圈之后，根本没有一点回音，连给朋友圈点赞的人都没有。这是为什么？很多人可能已经被这个问题困扰多时。其实，最主要的原因是：他们不知道朋友圈营销的底层逻辑，没有掌握朋友圈营销的本质。

那么，朋友圈营销的底层逻辑是什么呢？

第一个底层逻辑：信任

为什么信任是朋友圈营销底层逻辑中的重要一项呢？参考一下我们下单时的心理路径就能知道答案。

如果一个人的朋友圈内容发得很丰富，不是天天发广告刷屏，而是对我有价值，我就会忍不住看。——因为爱看他的朋友圈，我就会慢慢地对他产生信任——因为爱看他的朋友圈，信任这个人，我就会潜移默化地接受他朋友圈的信息，即使是广告信息，我也能接受。——基于对这个人的认可，当我有需求的时候，我第一个就会想到找他买。如果买到的产品还不错，我会选择重复购买，身边的朋友有需求，我也会推荐朋友到他那里购买。——当他卖其他产品的时候，如果我有需求，那么我也会在他那里购买。

分析我们自己的心态，可以看出，信任在成交中至关重要。"卖货先卖人"，这句话可以说是一针见血，在朋友圈里你才是真正的主角，我们要突出的是你本人，而不是你的产品。只有别人认可了你，信任了你，你才有进一步成交的可能。信任度越高，用户就会越来越精准，你的收益才会高。归根结底，朋友圈就像是一个社交场，彼此能成为好友，靠的是信任，是认可。如果你的朋友圈中认可你、信任你的人多，那赚钱自然很简单了。

第二个底层逻辑：提供价值

那么，如何让别人相信你呢？

我们要记住这句话：当你对别人产生价值以后，别人就会相信你。

试想一下，当你加了一个陌生人的微信后，你看到他的朋友圈里密密麻麻的都是广告，都是对自己没有用的东西，你还会关注他吗？我相信大多数人都不会再关注这个人，甚至可能直接将其屏蔽或者拉黑。那你不妨思考一下：你能给别人提供怎样的价值？

很多人会认为：自己只是一个小人物，没有什么价值可以提供给别人。其实每个人身上都有闪光点，能够给别人产生价值，只是自己没有去挖掘罢了。比如说，如果你漂亮，发一些好看的照片，别人看了很养眼，这就是一种价值。如果你擅长厨艺，在朋友圈分享菜谱，这就是一种价值。你很懂保险，擅长理财，把自己累积的专业知识发到朋友圈，让别人可以学习，这也是一种价值。再比如，你本身是一个能量满满的人，你的朋友圈让别人感受到了力量，这同样是一种价值。

所以，大家对价值的理解不要太狭隘，不要觉得我是科学家、工程师、作家，我才能对别人有价值，任何人都有可以挖掘的价值。正是因为每个人能提供的价值不一样，所以才有这么丰富多彩的世界。商业的本质是价值交换，只有先提供价值，别人才愿意为你的付出买单。当然，如果能提供超预期的价值，让用户感觉到花了很少的钱，得到了很超值的东西，给他惊喜，就更好了。虽然从短期看你好像亏本了，但从长期来看你的收获会越来越多。

第三个底层逻辑：粉丝基础

有学员跟我反馈："沈老师，我按照你教的方式发朋友圈了，但是根本没有人理我。"这背后有一个重要的原因，就是没有粉丝，也就是没有"流量"。如果没有流量，你的微信中只有几十个或者一两百个不精准的粉丝，那么不管你怎样营销，成交的概率都是非常小的。当然，如果你微信里面的几十个粉丝都是精准的粉丝，那你成交的概率就能显著提高。我有一些学员微信好友不到500人，但举办一场活动能变现十几万。所以，我们既要保证粉丝的数量，也要保证粉丝的质量。

本节课我们主要讲述了朋友圈变现的 3 个底层逻辑。

第一个底层逻辑：信任。

第二个底层逻辑：提供价值。

第三个底层逻辑：粉丝基础。

02
账号定位：持续赚钱的七步账号定位法

想要打造能帮你持续赚钱的账号，我们要从以下三个方面着手：明确什么叫定位；了解我们为什么要做定位；找到自己的朋友圈人设定位。

什么叫定位

《定位》这本书中提到："定位的基本方法，不是去创造某种新的、不同的事物，而是去操控心智中已经存在的认知，去重组已存在的关联认知。"

现代社会，产品种类丰富、竞争激烈、媒体过多、信息泛滥，用户的心智资源十分有限，所以在激烈的竞争当中，要基于消费者的心理研究，采用定位策略，争取在用户心智当中占据一席之地。

简单来说，定位就是定义你是一个拥有什么标签，能够提供什么服务，有什么价值的人。只有你有了个人定位，你的微信好友才会相信你卖的东西是靠谱的。比如说：一提到沈老师，大家就想到沈老师能够帮助大家赚钱，一提到 ×××，大家就知道他是淘宝直播卖货的达人，这就是定位。像"能帮大家赚钱"、"淘宝卖货达人"这些就是一个人的标签，也是他能为其他人提供的价值。

我们为什么要做定位

1. 实现聚合发力

只有你有了清晰的定位，才能避免注意力分散，才能实现聚合发力，才能通过有效的运营，建立起具有长期效应的个人品牌。如果你定位了半天，别人想到你时仍不知道你对他有怎样的价值，能对他有什么帮助，甚至不知道你是做什么的，那你的定位就是失败的。

2. 抢占用户的心智

上面我们说到，信息快速发展，用户接收到的信息越来越多，但用户的心智是有限的。大家都知道"口红"一哥，他在没有红的时候，一年要做389场直播。为什么？因为他说如果今天不做直播的话，很可能这个用户就被别的主播吸引过去了。所以，如果我们想在用户心中拥有一席之地，赢得用户的选择，就必须通过精准定位快速抢占用户的心智，让你的形象在粉丝心中形成清晰的认知和标签。

3. 给用户一个明确的第一印象

朋友圈的定位，能让用户快速了解你是谁，是做什么的。就像我们第一次见到一个人的时候，会看他的外貌特征、气质形象。精准的定位能让我们快速找到用户群，建立起某个领域的权威印象。

定位的目的是给自己找一个标签，让大家更容易认知你，以后不论你走到哪里，只要介绍一下自己的标签，别人立即就会了解你的优势，不需要过多言语的介绍。有了定位以后，接下来要做的就是不断去强化它、展示它，等粉丝一听到这个标签就想到你的时候，这个标签就真的贴到你身上了，这时候，你就真正有了个人品牌。

4. 实现长期发展

古话说，男怕入错行，女怕嫁错郎。选择大于努力，选对领域非常重要。定位越早，规划越有优势。定位就是明确方向，一个清晰的定位，可以让你迅速地达到自己的目标；如果定位模糊不清，就可能要走很多弯路，白白地浪费时间。有了精准的定位之后，我们后面的变现就会更加简单，也能实现长期发展。

找到自己的朋友圈人设定位

想做好品牌定位，就从"七步定位法"开始。

第一步：解决入行问题

在打造个人品牌的时候，很多人在纠结到底该选什么行业，因此，很热爱、极擅长、高需求、多赚钱的，就成了我们的首选。首先，我们可以通过兴趣来定位。我们常说，兴趣是最大的老师，同理，在你选择进军哪个行业的时候，你对这个行业肯定是抱有热爱的情结的，这份热爱会让你有源源不断的动力。其次，我们可以根据自己所擅长的来定位。因为大多数人建立品牌的第一心理就是选轻松的来做，而自己擅长的，做起来会轻松一些。这时候，你的定位只完成了一半——完成了内部分析，接下来就要从外部分析了。这时，我们需要分析市场需求。你必须要看市场上是否有对应的需求，是不是消费者的刚需，是不是大家的痛点，然后决定下一步该怎么走。尽管是你擅长的领域，如果不是痛点，那么变现赚钱也非常难。这就是为什么很多人天天刷屏发朋友圈，你问他一定赚很多钱吧，他却说赚钱太难了。

最后，不管一开始你做品牌的目的是什么，你都要记住：只有赚钱的事情，才会让你一直有动力，"钱"是让品牌长久发展的基础。

第二步：找准竞争对手，让自己有立足之地

当你决定进入某个行业时，首先要学会向第一名看齐，即找排名第一的人作为竞争对手。为什么？这个道理其实很浅显：当你把排名第一的PK下去了，你就是第一。这不是自不量力，而是争取用户的方法之一。哪怕你没有把排名第一的PK下去，你天天和排名第一的死磕，媒体天天宣传你和他PK的过程，那么在消费者心中，你至少也会和他差不多。

比如瑞幸咖啡，通过长期单方面和星巴克的PK，尽管品牌成立日子不算长，但就是让用户牢牢记住它了。再比如京东，一开始就瞄准了淘宝的弱点，对外强调自己是正品，结果很多消费者以为京东和阿里巴巴是同样体量的公司，并对京东好感倍增。但事实上，京东当时的市值只相当于阿里巴巴的七分之一。

第三步：打造品牌差异化，把"第一"当成最终目标

通俗来讲，定位的目的其实是帮你成为第一，大概分为两步：找到第一；做到第一。网上有个段子，说老师允许考第一的学生不做作业，第二名的同学就很不服气："凭什么第一名可以不用做作业，第二名就要做？"老师说："大家只能记住第一名。"虽然后面的剧情被各路网友改编，但从最原始的版本来看，人们只记得住第一，基本记不住第二。因此，在你打造个人品牌的时候，要把行业第一当成最终目标。如果做不到第一，那就找一个能做到第一的位置去做第一，因为只有你成为第一，别人才记得住你。此外，做第一名的好处太多了，最起码钱赚得绝对比第二名多得多。哪怕最差的结果，你永远成不了第一，但以第一名作为标杆，你也差不到哪去，比如别人赚 1000 万，你至少可以赚 100 万。如果一开始把自己的标杆定低了，那么可能只赚 10 万。

第四步：打造深厚的品牌资历，让消费者成为你坚实的后盾

什么是资历？资历就是消费者内心认可的，又能证明你的定位的证据。而打造资历，就是指筛选和创造这些证据的过程。一句话总结：没有资历支撑的定位，是没有价值也近乎无效的定位。

第五步：前期工作准备到位，就可以做宣传了

当你把前期的定位步骤都做好了，那么剩余的工作就是实际宣传你的定位 + 资历，加深消费者对你的品牌印象。

第六步：定位不能盲目，不能好高骛远、不切实际

给自己找一个合适的、擅长的、喜欢的定位。定位不能盲目，不能好高骛远、不切实际，也不能太过保守。定位必须是自己擅长的，至少是喜欢的，否则你很难坚持下去，因为打造个人品牌是一个长期的过程。另外，即使拥有了个人品牌，也需要持之以恒地进行维护，否则很快就会被人忘记，不喜欢的领域很容易半途而废。

第七步：定位聚焦到细分领域，不要大而全、什么都想做

打造个人品牌，要想提高成功率、降低难度，最好的办法就是专注于细小，或者创新的领域，用时间来沉淀。专注，就是在1厘米的宽度上深耕1000米。专业靠深耕，规模靠复制。比如我曾提到的一个朋友，主要是做保险业务的，她这两年通过互联网获得了不少粉丝，并且很多粉丝发展成了客户，有着不错的业绩，但她非常辛苦，因为直接做保险客户，不容易团队化运作，只能亲力亲为。

我建议她换一个思路，把自己定位成最会用互联网展业的保险人，便可以立即脱颖而出，在互联网圈，她是最懂保险的，在保险圈，她是最懂互联网的。这个定位，对她的团队发展有很大好处，并且以后也有很多的变现渠道，比如给保险从业者培训互联网展业技巧，是非常简单的。所以，定位选择上，还有一个重要的技巧：跨界。

一、什么叫定位?

定位就是定义你拥有什么标签,能够提供什么服务、什么价值。只有你有了个人定位,你的微信好友才会相信你卖的东西是靠谱的,你才能实现变现。

二、我们为什么要做定位?

1.实现聚合发力

2.抢占用户的心智

3.给用户一个明确的第一印象

4.实现长期发展

三、如何找到自己的朋友圈人设定位?

本节给大家分享了七步定位法。

第一步:解决入行问题。

第二步:找准竞争对手,让自己有立足之地。

第三步:打造品牌差异化,把"第一"当作最终目标。

第四步:打造深厚的品牌资历,让消费者成为你坚实的后盾。

第五步:前期工作准备到位,就可以做宣传了。

第六步:定位不能盲目,不能好高骛远、不切实际。

第七步:定位聚焦到细分领域,不要大而全、什么都想做。

03
打造形象：让人一见倾心的包装技巧

大部分的私域流量成交，都要将用户添加到微信进行成交。我们可以看到在抖音、快手、视频号、头条号、微博等各大平台的博主，都会让用户加自己的私人微信。这是为什么？因为微信的使用频次比其他平台高很多。用户在添加你的微信后，你所有信息都可以通过朋友圈有效触达用户，你的每一条朋友圈都相当于一次精准的推送。只要他们不删除或者不屏蔽你，就是对你有潜在的需求。

朋友圈是我们和用户产生互动、建立信任的重要场所，是我们和用户持续产生关系的重要工具。良好的运营可以帮助我们建立品牌，和用户之间产生信任关系，潜移默化地影响他们。而头像、昵称、个性签名和背景图都属于重要展示位置，能让用户感知到我们的形象。不要觉得这些是不重要的小事，要知道"第一印象价值百万"。如果你没有好好打造这四个位置的形象，很可能会被贴上负面的标签，大大降低成交的概率。接下来，我们一起看看如何打造朋友圈的形象。

微信昵称

微信昵称其实相当于一个免费的广告位。不管是新朋友、同事还是客户，他们在加你的时候一般都会去看你的微信昵称。微信昵称设置得好，甚至可以直接产生订单。我给大家推荐两种命名方式。

1. 直接用自己的名字

比如我的微信昵称就是"沈小星"。此外还可以加一些简单的英文单词，例如"沈小星 Steven"等，这里的原则是简单易记，朗朗上口。

2. 昵称 + 标签

如果你觉得自己的名字没有什么辨识度，可以在昵称的后面加一个个人职业标签，如资深职业规划导师、个人品牌导师、生命成长导师、分销小王子等，或者是添加行业标签，如绘画、穿搭、美食等。在标签的设置上有 5 点需要注意。

（1）理解直观。也就是说，不要产生歧义，不要让用户理解起来过于费劲，不要走看起来很有格调的诗词歌赋路线，其实别人根本无法了解你是做什么的。

（2）便于记忆。所谓的便于记忆是指别人说一次基本就能记住。注意不要使用生僻字，生僻字别人既不方便读，也不方便写。

（3）便于搜索。注意微信昵称，尽量不要使用下划线、斜杠等特殊字符，因为这样客户在搜索你的时候要切换好几次输入法，会让客户觉得很麻烦。如果客户想找你时都找不到你，就会大大降低购买的欲望。要知道，谁能在第一时间被客户记起，谁就拥有更多的成交可能性。

（4）要便于传播。便于传播有助于扩大流量。

（5）切忌过度营销。在我们的微信好友中，总有一些好友的昵称是以大写字母 A 开头。我们不妨想一下，当看到这个人的微信时，自己有怎样的印象？在大多数情况下，我们都会认为，这个人是个销售，他添加我们是为了把东西卖给我们。这类微信昵称很容易让客户产生排斥心理，很容易被他人删除，也建议不要使用。

微信头像

用户在和我们私信以及浏览我们的朋友圈时，会频繁地看到我们的微信头像。微信头像的重要作用不言而喻。在微信头像上有两点需要注意。

1. 切忌频繁更换头像

根据我的观察，很多人会经常更换头像，甚至一个月就可能会更换两三次，这导致我经常会找不到他们。经常更换头像的话，好友对你的印象很难深刻。你每换一次头像，等于要求你的好友对你建立一个新的认知。微信的头像就像一个品牌的 logo（商标）一样，试想一下，一个品牌的 logo 会频繁更换吗？所以，建议大家千万不要频繁地更换头像。

2.尽量使用个人形象照

很多人在建立个人品牌的时候，会选择将微信头像换成品牌的logo，但我并不建议这么做。品牌的形象，只会让用户觉得你的微信是一个交易或服务工具，缺少沟通温度。此外，也不建议大家使用风景、宠物、明星或者模糊不清的照片，这类头像，辨识度较低，很难带有感情，无法让用户真正了解你并建立信任，会让用户有距离感。微信个人头像可以设置成个人形象照，这能让用户有添加的价值和理由。当然也可以使用个人和品牌结合的图片，比如个人在品牌logo下拍摄的照片、与产品的合影照片。不过无论哪种形式，最好都要真人出镜，这样可以快速建立起我们和用户之间的信任关系，不至于让用户产生抵触心理。

个性签名

个性签名是最能体现我们价值的地方。新的好友添加我们的时候，可以通过个性签名第一时间知道我们是做什么的，如果有潜在的合作机会，就能自然而然达成合作。我们的个性签名，可以从以下三方面入手。

1.职业标签

职业标签可以包括自己的主业和副业，简明扼要地说明自己的身份。如果你擅长私域流量，可以在个性签名里写上"私域流量变现体系操盘手"。

2. 个人成就

只要能体现和自己定位相关的荣誉我们都可以写上去，比如我们有多少学员、变现的金额等。

3. 呈现价值观的名言警句或者是自己的愿景介绍

比如，可以写"致力于帮助大家养成读书习惯"，这样就可以建立起陌生人对我们的基本印象。这里要提醒大家注意，不要写纯功能性的介绍，也不能传递负能量。

朋友圈背景

如果说微信号是我们的店铺，那朋友圈就是我们的货架，朋友圈的背景就是我们的门面。

很多人不太在意朋友圈的背景图设置，背景图要么跟定位无关，要么就是没有传达个人定位的信息，有的甚至没有设置背景图，这些其实都是不对的。一般来说，我们添加了一个人的微信后，会下意识地看一下他的朋友圈，就会看到这张背景图。此外我们平常更新朋友圈后会吸引一部分好友点进我们的相册看，也会看到这张背景图。所以，不重视或是没有设置背景图的话，无疑会失去一个展示的机会。利用好这个模块，能帮助别人更好地了解我们。

一般来说，朋友圈背景图可以包含以下这些要素。

1. 个人形象照

个人形象照能增强用户对我们的信任。知道我们到底是谁，能降低用户对我们的排斥感。

2. 名字

名字有助于加深对方对我们的印象。

3. 个人简介

以本人为例，我的简介就是：资深职业规划导师、新创业实战训练营创始人、知名公众号沈小星的创办人，等等。

4. 愿景号召

我的愿景介绍是，"关注沈小星的人，后来都赚到了钱"。除了这些要素以外，还可以添加自己的职业标签、数据化案例、权威背书、个人成就等。这些都是为了让别人能迅速了解我们。第一印象作用最强，持续时间也最长。所以，我们在第一次接触潜在用户的时候，就不能放过任何一个向用户传递信息的细节，要让用户知道我们是做什么的，对他们有什么帮助。

本节课主要讲述了如何打造微信昵称、微信头像、个性签名和朋友圈背景图。我们讲述了微信昵称的两种设置方式：

1. 直接使用自己的名字

2. 昵称＋标签

此外微信昵称要遵守直观理解、容易记忆、便于搜索、便于传播、切忌过度营销的五大原则。

关于微信头像我们分享了两个注意事项：

1. 切忌频繁更换头像

2. 尽量使用个人形象照

关于个性签名我们可以写以下3种内容：

1. 职业标签

2. 个人成就

3. 名言警句或愿景介绍

在朋友圈的背景图中我们可以写以下内容：

1. 个人形象照

2. 名字

3. 个人简介

4. 愿景号召

此外还可以增加职业标签、数据化案例、权威背书、个人成就等内容。

04
第一印象：避免踩雷的 5 个常见沟通误区

在解决了打造形象的问题后，我们将面临一个新问题：如何与好友建立关系。相信很多人都遇到过这样的事：在你通过了一个人的微信好友申请后，对方既不介绍自己是谁，也不说话。突然有一天，就给我们发广告性质的信息。

面对这种情况，我们要么直接忽略，要么直接删除这个好友。反过来也是一样的。

所以说，虽然找到流量是一个机会，但不代表你能把握这个机会。如果操作不当，打扰了他人，那么你可能很难建立与对方后续的连接。

试想一下，在现实生活中，如果你要去见一个重要人物，是不是会预先精心准备一番，争取给对方留下一个好印象？倘若你毫无准备，匆忙赴会，恐怕只会给人留下糟糕的印象。朋友圈也是同理，那么怎么样和陌生人打招呼，才能留下一个好印象呢？

我们可以分三个方面来解决这个问题：如何和陌生人打招呼；如何开启沟通第一步；沟通中的错误做法。

第一方面：如何和陌生人打招呼

在添加微信好友时，我们往往要填写"朋友验证"，如果验证信息写得不够有说服力，那么通过的概率一定很低。所以学会打招呼十分重要，一个好的招呼语能帮我们把通过概率提高90%。

首先跟大家说一下打招呼的四个忌讳：

1.用语太过于简单，比如"Hi"，这种太简单的打招呼方式会让人觉得莫名其妙。

2.没有目的地添加对方为好友，比如"可以交个朋友吗？"这种打招呼的方式，会让人完全摸不着头脑，甚至会让人感觉是在搭讪，缺乏通过的理由。

3.只写名字，比如，我是沈小星。对方在不知道你是谁的情况下，很难会愿意通过你的申请。

4.只写公司名字加自己的名字。这种方式看似提供了信息，但其实和没有提供信息没什么区别，因此一般情况下也很难被通过。

那么，如何才能更有效地传达信息，提高通过概率呢？

1.精准地介绍自己，包括：我是谁？我是做什么的？做出了什么成绩？为什么值得你添加？

这种介绍不仅会让对方觉得我们很真诚，也能帮我们筛选好友人群。一般通过我们的好友申请的，都是对我们的个人经历或者介绍感兴趣的人，对后期的成交大有帮助。

2.说明是通过什么方式得知对方微信的。

这种方式可以增强对方对我们的信任感，因为有共同认识的好友，或者有共同的微信群，可以拉近彼此的距离，而且在后续的沟通当中还可以用这个共同点展开话题。

3.说明为什么加好友。

说明自己的日的，给对方通过验证的理由，最好投其所好。当我们身处一个社群的时候，不妨仔细观察每个发言人的习惯，还可以通过分析对方的头像、地区、签名等等找到合适的话题，这样可以显著提高我们被通过的概率。

4.请教对方擅长的内容。

比如类似这样的介绍：我在××群里，发现您分享了一个微信赚钱的小技巧，超级精彩，但是我有点困惑，想要请教您。一般人看到这样的介绍都会通过的，因为首先你们有共同的话题可以探讨，其次他能够在群里分享内容，也一定会乐于来帮助你。以上这些方式都可以提升我们的好友申请被通过的概率。

第二方面：如何开启沟通第一步

当我们添加了好友之后，先别急着发信息，先细心观察一下对方朋友圈动态，做一个大致了解：他是什么样的人，经常发什么，找到一些"蛛丝马迹"，为以后的进一步沟通打开窗口。然后，不妨附上一段我们的个人介绍，最好就是一条信息，简明扼要地说清楚自己及来意，让对方快速了解我们。在个人介绍当中可以突出自己的职业、特长、社交圈、成绩和价值。个人介绍可以是纯文字版的，也可以是链接版的，可以提前写好收藏起来，方便使用。这个过程可能时间很短，几分钟就结束了，但是我们的专业做法一定会给对方留下个好印象。

第三方面：沟通中的错误做法

1. 不说话

加了好友之后，最忌讳的就是不说话。你不说话，对方永远不知道你是谁。

2. 发送无营养的内容

譬如说"在吗？"这类毫无营养的话。

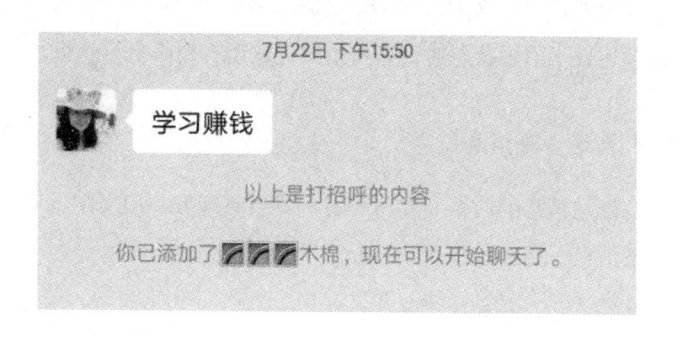

还有这类一上来就发"学习赚钱"，这类消息我是不会回复的。赚钱的方式有很多，既然你想寻求帮助，也至少发一则简短的个人信息，好让别人知道你是做什么的。

3. 发送语音

加了好友之后，不要发送语音，因为你不确定对方所处的环境是否适合听语音，也许对方正处于嘈杂的环境中，或者正在开会。

　　文字方便对方立刻抓住关键信息，但语音需要对方先接听，在彼此都还处于陌生状态时，直接给对方发语音会降低好感度。

4. 发送多条消息

　　在发送消息的时候，要将所有的信息整理成一段文字，不要发送多条消息，多次发送。

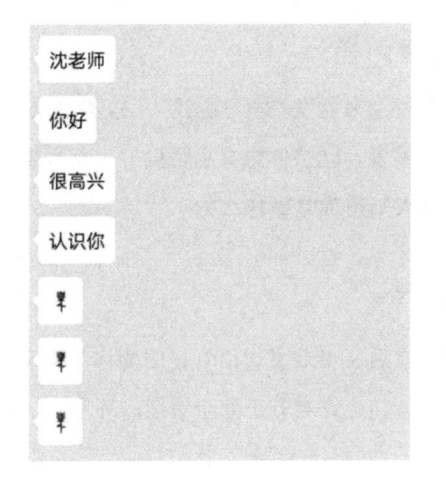

对方不一定方便或者愿意接受这种方式。一整段的文字，一看就明白，还能显示出你的专业度。

5. 问对方是谁

有些人犯过这样一个错误，一次性加了很多人，加的时候也没有备注这人是谁、做什么的，等到对方通过后，反过来去问对方是谁。

这样的方式会令对方感觉莫名其妙："明明是你加我的，你怎么还反过来问我是谁？"所以，建议大家在添加对方好友的时候就进行分组。

6. 获得帮助后要表示感谢

如果想要获得别人的帮助，要讲清楚问题的来龙去脉，如果你和对方不是很熟的话，还可以附上一个表示感恩的红包，表示出你的诚意。如果你跟对方已经比较熟了，也可以在对方帮助你后发一个红包。带有诚意的感恩红包可以快速给对方留下一个好印象，至于收不收就是对方的事情了。

本节课我们主要讲述了如何给好友留下一个好印象。

1.在打招呼时可以：精准地介绍自己；说明是通过什么方式得知对方微信的；说明为什么加好友或者请教对方擅长的内容。

2.可以发上一段自我介绍开启沟通的第一步，在自我介绍当中可以突出自己的职业、特长、社交圈、成绩和价值。

3.加了好友之后切忌不说话、发送无营养的内容、发送语音、发送多条消息、问对方是谁；在获得帮助之后，应该发红包表示感恩。

05
互动技巧：6大技巧持续培育赚钱力

在我们经历了前边的几个阶段后，就要进入下一阶段：提高我们和好友之间的亲密度，持续不断地触达我们的用户。

多赞美对方

当翻看好友朋友圈的时候，一定不要吝啬你的赞美，要把你觉得不错的信息都点赞。这个小小的细节，能让你有很多无形的收获。很多人会因为你的点赞，顺便到你的朋友圈看看，如果你的朋友圈里面有很多有价值、有特点的内容，就会给别人留下印象，获得更多的关注。

而且人与人的交往中会有这样一种现象，如果你经常给别人点赞、评论，那么当你发朋友圈动态的时候，别人也会给你点赞，这样一来一去的，互动性就强了。不要只想着别人来找你，只有你主动和别人互动，才会有更多人愿意跟你互动。另外，只点赞还是不够，还要尽可能从自己擅长的领域出发，留下一两句简单真诚的回复。

多真诚评论

点赞成本比较低，引发别人浓厚兴趣的概率也较小。但评论不一样，评论能给对方带来触动和关注。写一条评论，并不会花费太多的时间。针对不同类型的朋友圈动态，我们评论又有什么不同原则呢？

1. 自拍类

在朋友圈晒出自拍的好友，基本都是希望有人能注意到自己，提升自我存在感。所以我们可以评论其颜值高、有气质、懂穿搭。也可以评论对方的一些细节，比如配饰、发型、衣服等，让对方感觉到你是在认真评论，而不是敷衍。

2. 旅游类

很多去旅游或者到不同城市的人，都会发一条消息。如果想不出很好的评论，可以单纯鼓励和赞美。比如："这个地方太美了。"但不建议直接问："这是哪里？"这会显得非常没有礼貌，像是伸手党。如果你说："照片拍得太美了，请问这是哪个景区？"这样一来，回复的概率就更大了。

3. 聚会类

好友发布聚会的朋友圈动态的比例也很高。聚会有很多类型，比如说：班级聚会、公司聚会、情侣聚会、家庭聚会等等。如果是公司类型的聚会可以说福利好、老板好、同事。如果是家庭聚会，自己在家做饭的,可以说厨艺好、菜品好,还可以请教菜是怎么做的。

4. 运动类

很多喜欢运动的好友会在运动后到朋友圈打卡,对这种正能量的生活态度,我们可以评论:太厉害了,希望有机会和你一起运动,向你学习,等等。

5. 阅读类

有些好友会发送读书相关的内容,主要想展示自己是一个爱学习、努力的人。在互动的时候,我们可以评论:这本书叫什么,我也很喜欢看这种类型的书,等等。

此外要注意,不管是评论别人,还是回复别人的评论,尽量不要只图省事,只是简单地回复一个表情。因为表情通常意味着对话交流的结束。

最后,还需要注意的是,如果你发布了一条动态,有多个好友来留言,最好全部都回复,或者全部都不回复。因为,朋友圈里面经常有互相认识的人,你跟谁互动,其他人会看到。如果你只回复了一个人,忽视其他人,那么其他人看到后难免会产生情绪,久而久之就会选择不和你互动。而且,为了避免尴尬,私人的内容、情绪化的内容,尽量不要公开回复。

善用"提醒谁看"

为了让一些重要的内容产生更好的互动效果,我们可以在发布内容的时候使用"提醒谁看"这个功能，然后选择相关的好友。这样对方会感受到我们把他当作具有特殊意义的人来对待，自然对我们的好感度就会增加，关注度也会增加。那么，我们什么时候可以使用"提醒谁看"这个功能呢？

1. 针对某个行业的特定信息

可以提醒朋友圈里和这个行业有关的人查看。比如你听了我的社群运营课很有感悟，想把自己学到的内容分享到朋友圈，那么可以使用"提醒谁看"这个功能。

2. 针对某一类人的特定价值

比如，你发现一个特别有意思的美术展，或者发现一本特别好的书，就可以提醒微信好友看。

3. 针对一些正能量的内容

比如，你发现有其他人在网上赞美你的用户，你可以专门截图，附上你的赞美，再提醒你的好友查看，这样公开的双倍赞美，所有的用户都会喜欢，但是一定要真诚地赞美！否则，有可能会适得其反。

4. 针对某一个特定事件的内容

比如，一些聚会合影可以提醒合影中的朋友查看，这样很快能让新朋友变得熟悉起来。

多用互动式提问

有的时候并不是我们的好友不想跟我们互动，而是缺乏一个互动的理由。如果我们发布的内容太过于刻板，或者互动的门槛太高，那我们朋友圈中的互动和点赞就会非常少。这个时候我们应该选择一些门槛低、好回答的话题，跟好友们产生互动。我们可以采用"提问题"的这种方式，来提高自己和好友之间的互动频率。比如说：大家最近都在看什么书？有没有很有价值的书推荐？还记得你当初为什么会加我为好友吗？再比如，你在换头像的时候，发条"在线等，你觉得哪个比较好"。我们之前说过头像是尽量不要更换的，但你非要更换的话，可以在朋友圈发布这样的一条信息，既告诉大家你要换头像了，又把自己的个人照片放出来，加深对方的印象，还可以提高互动率。

这里要提醒大家，在发互动式提问的过程当中，提的问题尽量不要让好友思考很久。有深度的问题，有些好友很可能不会回答。

送福利活动

除了上述方法之外，我们还可以在朋友圈当中送一些小礼物，来激发微信好友的热情。比如说：点赞送书，点赞送资料，点赞拉群做分享，第3、第6、第9个点赞小福利。每一次互动都是在和朋友圈的好友做一次有效的连接，通过连接可以有效增强好友对我们的信任。

必要时选择私信互动

私信互动，是付出精力最多、关注度最高的形式。看到别人有麻烦，可以私信沟通；看见谁难受了，可以发红包鼓励。当然，不是所有的内容都需要私信互动，我们可以根据好友发布的朋友圈内容类型，有所侧重。一般来说，下面这两种朋友圈的动态是需要重点互动的。

第一种，发布者很重视、花了很多精力的。

发布者重视的如生日、结婚、升职加薪、生孩子等等这些特别的日子。发布者投入了很多精力，比如说一篇很出色的原创文章、健身成果展示，或者是经历了一些事情之后的感悟。我们可以揣摩一下，他们发布这些内容的初衷，就是希望从朋友圈获得祝福和认可。

所以，这是我们和对方增进情感沟通的好机会。至于一些转发热门文章、周末出去玩、朋友吃饭这类信息，只要点赞或者简单的评论就可以了，不必花太多的时间关注。

第二种，内容价值大、收获感强的。

比如，当好友发布了一篇价值很大的专业文章时，要进行重点互动。这类文章的发布者，一般属于层次比较高的人群，要么是深度思考型，要么是视野开阔型，要么是经历丰富型。和这类人互动，要更加注重互动的质量，而不是简单的情绪和态度互动。而且和这类人进行互动，往往会有意想不到的收获。

本节小结

如何提高朋友圈互动率?

1. 多赞美对方

2. 多真诚评论

3. 善用"提醒谁看"

4. 多用互动式提问

5. 多送福利活动

6. 必要时选择私信互动

06
内容运营：价值百万的 7 大核心内容

朋友圈内容，能强化我们的个人形象，增加个人信任度，帮我们增加收入。我们可以从以下几个方面着手，经营好我们的朋友圈：什么样的朋友圈才算好的朋友圈？朋友圈具体可以发布哪些内容？朋友圈文案内容素材来源有哪些？朋友圈内容何时发布？朋友圈每天的推送频率多少比较合理？

什么样的朋友圈才算好的朋友圈

有五点非常重要。

1. 足够真诚。你是否真诚待人，别人是能感受到的，没有人会拒绝真诚的人。

2. 懂得克制。哪怕你今天做出了很好的成绩，也要尽量克制自己，因为刷屏给人的观感很差，可能会骚扰到你的潜在客户。如果被屏蔽了，那么后续不论你如何努力都是无效的。

3. 简洁易懂。在朋友圈发的内容一定要是大白话，让人一看就能理解。不要用高深的论文或者诗词歌赋等来表达自己的观点，引用了名人名言也最好做出解释，复杂的内容会让人感到不知所云。

4. 观点鲜明。一条朋友圈动态，最好只表达一个观点，不要把乱七八糟的概念堆砌在一起。

5. 要有价值。你传播的内容是否有价值并不由你个人决定，而是要看他人给了你怎样的反馈，对你的内容做了怎样的评论。所以我们在发布朋友圈后，也要看好友的反应，及时做出调整。

朋友圈可以发布哪些内容

为什么你发了朋友圈动态却没有人点赞？为什么明明发了很多产品信息，也策划了很多活动，就是没有人愿意买你的产品？为什么用户通过你的朋友圈看不出你是做什么的？以上三个问题，你是否经常遇到？

很多人不知道如何规划朋友圈的信息，总是复制粘贴别人的文案，导致朋友圈被降权，虽然内容发出去了，但还是有很多好友刷不到你的内容。

接下来，我们就来讲讲朋友圈应该发布什么样的内容呢？

我们先来看这样的一个案例。

如果有人跟你说他是卖保险的，但是朋友圈里一条关于保险的信息都没有，你会相信他是卖保险的吗？你会信任他吗？会觉得找他买保险靠谱吗？再假设如果一个人的朋友圈里面全部都是保险相关的信息，一点生活的动态都没有，你会找他买保险吗？你可能会觉得这就是一个冷冰冰的广告机器，完全意识不到他是个活生生的人。所以说朋友圈全是工作，或全是生活都不太好。

1. 自己的生活

有些人在运营朋友圈的时候有一个误区，觉得工作的朋友圈就应该发布和工作相关的内容。这种观念是不正确的，任何成交都建立在信任的基础上，如果你的朋友圈没有生活状态，你的微信好友会认为这仅仅是一个营销号，无法对你有更深入的了解，也就很难跟你产生进一步的关系，起不到潜移默化宣传的效果。优秀的成交者，都是在生活中将产品卖给他的用户。生活内容可以从学习、情感和休闲等角度，去分享正向的生活态度、价值观、专业知识等。让你的微信好友在翻看你的朋友圈时感到有趣、有用、有爱和有力，这是与好友建立信任感的重要一步。在这里要提醒大家的是，在展示个人生活内容时，不要脱离自己的定位，也不要随意发图，避免影响观感。

2. 专业知识

就我个人而言，我经常会在朋友圈发副业赚钱、微信运营、专业知识等，让用户了解自己的专业程度。毕竟用户觉得我们有价值，才会留下来，成为我们的忠实粉丝。如果你是做美妆产品的，可以发一些有关护肤的专业知识；如果你是做餐饮的，可以发一些美食制作的方法；如果你是卖衣服的，可以发一些穿搭指导知识；如果你是卖减肥产品的，可以发布一些营养搭配、合理饮食的内容，比如不节食也能减肥，树立起专业的头像。同样，我们分享的专业知识也要和自己的定位相关，而且我建议分享的内容要能为用户解决问题，真正有实用价值。所以，不能简单堆砌、暴力输出，一定要自己整合好后，给予用户直接可以吸收的知识点。

3. 用户反馈

有的人很少发用户反馈、成交内容，觉得营销的意味很明显，也有的人觉得晒用户的反馈是在炫耀，不敢让大家知道自己赚钱了。这些是很大的误区。你的朋友圈里都看不到有人下过单，又怎么能够让人相信你的产品真的卖出去过呢？所以，一定要经常发用户转账的截图、用户反馈的截图、用户使用完产品后前后对比的截图。这些截图就类似淘宝的买家秀一样，是站在用户的角度去证实产品的效果，用户说好才是真好。人都是有从众心理的，谁都不愿意成为第一个吃螃蟹的人，适当地发一些用户的反馈，有利于激起潜在用户的消费欲望。当然用户反馈的内容不宜发布得过于频繁，造成刷屏的现象。在推广某个产品或进行某个促销活动的时候可以发多一点，让用户感受产品或活动的火爆程度，刺激用户的消费欲望。

4. 玩自黑

暴露一点无伤大雅的缺点，是可以加深好友的印象的。比如你是一个干练、自律、什么事都难不倒的人，忽然有一天你在朋友圈说自己其实是一个路痴。这类自黑其实是无伤大雅的，切记不要给自己打造完美人设，因为人设一旦太完美，如果有一天你突然做了一件错事，别人对你的印象就会大打折扣。人无完人，偶尔的自黑，还能让用户感觉跟你亲近了很多，但是切不可分享低俗的内容！

5. 有意思的内容

没有人喜欢无趣的人。我们可以在朋友圈发布一些有意思的图片或者段子。朋友圈的段子不一定会带来高成交，但一定会对我们的人设有帮助，可以拉近我们和用户之间的关系。

6. 正能量的内容

大家都喜欢正能量的人，正能量也代表着可信、靠谱。我们可以在朋友圈发一些早起、运动、读书内容。长期坚持下来，自律的形象可以让我们的微信好友感知到我们的正能量。

7. 推销产品

我们在朋友圈发布内容的终极目的还是为了带货，把产品卖出去。产品内容的发布并不是简单地发产品图，更应该是产品的用户口碑、故事等，还可以适时地发布优惠活动、促销信息等。如果你尝试按以上的几点去发布朋友圈，相信你的好友一定会越来越喜欢你。

朋友圈文案内容素材来源

很多人可能会犯愁：我怎样才能持续不断地生产出那么多内容呢？除了跟好友之间的聊天要及时截图保存以外，我们还可以借助以下途径，源源不断地呈现高质量的内容。

1. 收集金句的 App

现在很多 App 都为大家提供经典、有趣、有哲理的文字，甚至划分了不同板块如金句、好文、话题、诗词、词典等。有的句子还按照热度进行排行，非常方便大家直接摘录、使用。

2. 微博

微博上有丰富的内容，我们可以通过搜索关键词，找到自己想要的文案素材。比如，想要找正能量的文案内容，直接搜索"正能量"就可以找到相关的博主或文案内容。一些有意思、有思考、干货类的内容都可以从微博当中找到。

朋友圈内容发布时间

朋友圈发布的时间也是有讲究的，规划好了朋友圈的内容之后，我们就需要规划内容发布的时间。

我们可以根据人的认知规律、生活习惯，例如每天玩手机的时间和规律，来规划我们每天的信息发布时间。根据朋友圈用户活跃的数据分析，有四个时间段是大家浏览朋友圈的高频时间段。

第一个时间段是早上 7 点到 9 点。这个时间段大部分人刚起床或者在上班的路上，是一个工作时间的空白点。很多用户早起第一件事就是去刷朋友圈，看看有没有新鲜的事情。这个时间段发布的内容应该以个人 IP 相关为主，要生活化、趣味化、正向化。早晨更加适宜发布一些正能量话题，为好友打气，给他们一天的好心情，所以尽量不要在这时候发布丧气、不开心的内容。

第二个时间段是 11 点到 13 点。这个时间段是大多数人的午餐时间，我们可以选择在这个时间段发布一些与个人专业、知识、技能相关的内容。也可以展示我们已有的成绩、案例和口碑，将我们的个人 IP 与用户需求、产品价值结合起来，形成真正有用、有价值的内容。

第三个时间段是 17 点到 19 点。这个时间段大部分人都在通勤路上。在这个时间段，我们可以以生活化内容为主，展示有趣的段子、诱人的美食，展示我们的休闲生活。

第四个时间段是 21 点到 23 点。这个时间段是用户使用手机的高频时间，这个时间段发布的内容，要主打福利相关，比如用户互动、优惠活动、促销等。这个时间段用户最容易产生冲动消费。

朋友圈每天的推送频率多少比较合理

1. 每天至少要发一条朋友圈动态

为什么每天至少要发一条朋友圈动态呢？当你的微信好友达到一定的数量之后，你朋友圈每分钟产出的内容就会越来越多，甚至每分钟就有可能产生五六条甚至更多的内容。如果你每天不发朋友圈，你的用户的注意力就会被其他东西调走，甚至可能就会把你忘掉。所以每天至少发一条朋友圈动态，能维持你在用户眼中的存在感，让用户记住你是谁，特别是在你还没有出名的时候。

2. 每天发朋友圈动态的频率不要超过 8 条

根据过去的研究，我发现 85% 的用户会对朋友圈每天发 8 条以上动态的人厌烦。当然我们无须固定朋友圈发送条数，你可以给自己设定一个发布区间，根据自己的行业性质和当天的具体情况做出调整。在不断的实践中，找到最适合自己的推送频率。

本节小结

一、什么样的朋友圈才算好的朋友圈？

我认为有 5 点非常重要：

1. 足够真诚

2. 懂得克制

3. 简洁易懂

4. 观点鲜明

5. 要有价值

二、朋友圈可以发布的内容

在这一节课当中，我总共分享了 7 项内容，分别是：

1. 自己的生活

2. 专业知识

3. 用户反馈

4. 玩自黑

5. 有意思的内容

6. 正能量的内容

7. 推销产品

三、朋友圈文案内容素材来源

1. 收集金句的 App

2. 微博

四、朋友圈内容发布时间

1. 第一个时间段早上 7 点 - 9 点

2. 第二个时间段 11 点 - 13 点

3. 第三个时间段 17 点 - 19 点

4. 第四个时间段 21 点 - 23 点

五、朋友圈每天的推送频率

1. 每天至少发一条朋友圈动态

2. 每天发朋友圈动态的频率不要超过 8 条

07
人脉管理：让人缘暴涨的人脉管理术

不知你能否回答出以下两个问题：

第一，你知道现在微信中的好友都是从哪里加来的吗？

第二，你了解你的微信好友吗？他们叫什么名字，年龄是多大，是做什么的，擅长什么，有什么资源，生活环境和职业背景又是怎样的？

相信很多人都无法回答这两个问题，这是因为我们没有对用户进行有效的分类和管理。

绝大多数人都不会管理微信好友，很多人加了他人好友之后既不打标签，也不做备注，过段时间后就不知道这个人是从哪里加来的，也不知道这个人是做什么的。这就导致群发消息的时候乱发一通，无形当中就会造成资源的浪费和流失，增加自己后期维护关系、强化互动的难度。所以精细化管理自己的微信好友非常重要。

微信备注

微信好友的昵称是我们触达最多的地方，会高频出现在朋友圈以及各个微信群中。我们可以通过备注来对我们的微信好友进行分类。举个例子，我们可以把客户用 ABCD 进行分类。

A 类代表可以合作的用户，其中还可以细分成 A1、A2、A3。A1 代表已经深度合作的用户，A2 代表正在洽谈的用户，A3 代表有意向但最终没有谈拢的用户。

B 类代表成交过的用户，同样可以分为 B1、B2、B3。B1 代表多次购买的用户，B2 代表高价成交过的用户，B3 代表低价成交过的用户。

C 类代表咨询过的用户，针对这类用户我们可以后续通过一对一的私聊进行开发，通过私聊以及输出价值的方式提升彼此的信任度，进入到成交阶段。

D 类代表暂未连接的用户，针对这类用户，可以找对方索取自我介绍，破冰连接。

这里的 ABCD 只是一个例子，你可以根据自己的喜好比如说 1234 或者是符号等进行分类。

这样我们就能清楚知道这个用户处于什么样的阶段，自己要用什么样的方式去沟通，后续在发朋友圈动态的时候才能更好地触达。

标签管理

我们有很多方式为好友添加标签。比如按照社会关系，我们可以把微信好友分为家人、同学、同事、朋友、陌生人。此外还可以按照地区、人群特点、职业等进行分类。通过标签，我们可以备注清楚对方是在哪里认识的，是什么人，跟我们是什么关系。如果你的微信里面有一些行业内的大咖，即使你非常熟悉这个人，也建议你打上标签，避免在群发广告的时候误发给他，导致自己被删除或拉黑。

添加描述

在上面讲到的"设置备注和标签"界面，我们还可以对微信好友添加描述。比如有陌生人加了我们之后，他做了自我介绍，为了避免忘记他是谁，我们就可以把他的自我介绍复制粘贴到描述里。同样，其他好友的个人详细信息，或者有价值的人脉个人信息，如果你担心忘记的话，也可以添加在描述里。描述最多可以添加400字，我们可以把有用的信息都备注一下。

除此之外，我们可以把对方的电话备注在微信电话号码里，这样当我们有需求的时候可以直接拨通这个电话，非常方便。如果我们跟这个好友在线下见过面、有合照，那么我们也可以把照片添加在描述当中。

星标好友

将好友设置为星标好友，能让我们避免错过对方的动态。比如：重要的客户人脉和大咖，设置星标好友以后，他就会出现在我们微信通讯录的最前面，我们可以随时关注他的动态，及时地跟他互动。

消息管理

除了对微信好友进行分类管理以外，我们还可以对一些重要的微信消息进行管理。聊天过程中我们有时会有很重要的聊天记录，收藏聊天记录并添加标签的话有助于我们后续对聊天内容的检索。

置顶聊天

基于工作和生活的需要，我们有可能会添加很多社群和好友，那么如何去管理这些重要的聊天呢？就是使用"置顶聊天"这个功能，这样我们就可以随时关注这个群或这个人的消息，避免消息流失。

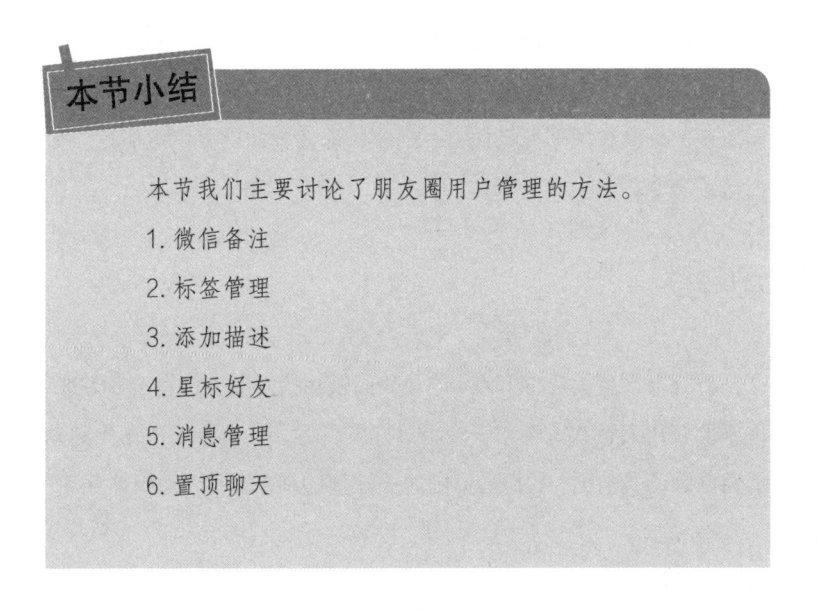

本节小结

本节我们主要讨论了朋友圈用户管理的方法。

1. 微信备注
2. 标签管理
3. 添加描述
4. 星标好友
5. 消息管理
6. 置顶聊天

08

商业模式：线上年入百万的商业模式

想用朋友圈赚钱，首先要找准正确的商业模式。所谓的商业模式其实就是我们赚钱的方式。简单地说，比如饮料公司通过卖饮料来赚钱，快递公司通过送快递来赚钱，网络公司通过点击率来赚钱。有了一个好的商业模式，成功就有了一半的保证。

有人可能会觉得，那是企业才需要了解的概念，其实不然。对我们个人而言，了解朋友圈赚钱的商业模式，才能找到适合自己的方式，持续赚钱。接下来给大家分享两种朋友圈赚钱方法。

第一种朋友圈赚钱方法：以产品为导向的商业模式

简单地说，就是通过朋友圈来销售自己的产品获得利润。微商，可以说是这类商业模式的典型代表了。当然除了售卖实物产品外，我们还可以售卖课程、咨询服务等虚拟的产品。我们如何着手以产品为导向在朋友圈赚钱呢？

在这里我们就需要考虑这三个问题：

1.做好定位。

首先，我们要研究一下自己的微信好友构成，比如性别分布以及年龄层次。比如，你的微信好友基本都是三十几岁的女性，那么你可以销售化妆品或者母婴类产品。当然，非常重要的一个前提是这个产品最好是你自己也感兴趣的，否则过不了多久，你就会没有兴趣再经营下去。

2.给微信好友做分类，形成不同的客户群体。

怎么做分类？建立微信群是必不可少的。你可以根据客户人群的不同来建立你的社群，同时在群里你可以阶段性地做一些促销活动，比如说团购、赠品、免费等。这样感兴趣的客户会在群里进行询问购买，刺激其他的客户消费，或者他们会把有需要的朋友拉进群里。这样可以让你的客户越来越多，如果产品做得好，也会有越来越多的人信任你，你也就能卖出更多的产品。

3.生意要想做大，单打独斗是不够的，所以接下来我们需要做的就是布局渠道商、代理商和一些散客，让他们成为我们的粉丝，帮助我们进行推广。

通过自己的朋友圈广泛卖货，能实现的销量是有限的。因为一个人的流量和影响力总是有限的，再怎么发也只能成交有限的客户。所以，更快捷的方法是，发展渠道商或者代理商，用他们的流量去帮你带货，从中赚到差价，这样他们能够赚到钱，你也能赚到钱，一举两得，你的生意也就进入良性循环。当然，我这里所说的产品也可以是虚拟的，比如说现在很火的知识付费。把你的知识变成一个课程，分享给大家学习，那么本质上，这个课程也是一个产品。现在知识付费已经普及，很少有人会抱怨"学习还要花钱"。因为大多数人都明白，知识也是产品，知识也是生产力，知识是有价值的。那可能有人会说我没有产品也没有办法写课程，怎么办呢？

其实以产品为导向的朋友圈赚钱商业模式，有两种变现途径。第一种是自产自销，第二种是经营代理。

什么叫自产自销？比如，你既会讲课，又有可以分享的知识和经验，这些东西可以直接拿出来卖钱，这叫自产自销。

什么叫经营代理？所谓的经营代理，举个例子就是你不会讲课，但你可以和别人合作，你代理他们的课程，通过课程推广赚钱。现在有很多的课程，你分享给好友，好友付费后，你就可以赚取10%到30%的佣金。

第二种朋友圈赚钱方法：以服务为导向的商业模式

这种模式一般都是用于售卖课程或者服务，比如帮别人做解决方案、一对一咨询。这种模式需要源源不断地输出自己的个人服务。通过专业的一对一指导和优质的服务，赢得客户的满意和支持。在这种商业模式中，我们需要更多地去影响和展示我们的好口碑；同时我们也需要建立微信群，给同等类型的客户提供交流的地方和资源对接的地方。比如，我每天会帮助很多客户做副业赚钱的咨询。在给用户咨询之前，我会先询问客户的职业、年龄、现状等，以此来进行分析和规划。到现在为止我已经帮助2500名VIP学员做过一对一咨询。而且做过我的一对一咨询的人，100%给的都是好评。很多人在找我咨询后，开始明确自己的目标，取得了一定的成就。

很多人觉得一对一服务，对个人能力的要求太高，又浪费时间，还是一次性服务，实在不划算。

一对一服务更大的价值是让用户对你产生信任感。因为你在没有跟用户接触之前，他对你的信任度不是很高，但是通过一对一的服务之后，用户真真切切地感受到你这个人，那么你们之间的信任度就会加强。有了这样的信任之后，你后续再推出更多的服务，他们都愿意买单。所以，你服务得越好，对用户的帮助越大，他们就越会在你这里消费。

通过咨询服务多维度的信息呈现，在展示你专业度的同时，持续给用户创造价值、输出你的价值观，让用户从"知道你"到"信任你"再到"尊敬你"，最后一直"追随你"。

可能有人会因此觉得咨询服务是一件很难的事情。其实咨询不一定需要多么高深的专业能力，只要确实能够解决用户的问题就行。而且，很多成交都离不开咨询这个环节，平时的朋友圈成交也都是要提供咨询服务的。

比如，你购买了令人受益匪浅的课程，想把这些课程分享给更多的人听，并从中赚取佣金，当你在朋友圈分享这些课程海报的时候，会有人来问你"这个课程讲的是什么""听完这节课后能收获什么"这类问题。

这时候解答对方的问题就是一种沟通，也是一对一的咨询。这就是以服务为导向的商业模式。

在朋友圈赚钱的商业模式中，你的底层基础打得越扎实，就越容易实现盈利，所以有四个问题是要不断重复问自己的：

第一，我是不是真的打通了用户的痛点？

第二，我是不是真的让用户离不开我？

第三，我是不是真的把产品体验做得很好？

第四，我是不是真的快速圈到了很多用户？

不断重复反问自己，站在用户的角度思考问题，会增加用户对你的信任感，流量自然会井喷式爆发。

本节小结

一、什么是商业模式？

二、两种朋友圈赚钱的方法。

1. 以产品为导向的商业模式

2. 以服务为导向的商业模式

Part 2

指数升级你的影响力:
搭建社群, 搞定人人必备赚钱能力

01
抓住社群赚钱风口，快速搭建付费社群

想要把朋友圈的影响力再扩大化，我们需要搭建社群。

我们首先要明确，我们为什么要做社群？财经专家吴晓波曾说过："未来不做社群，将无商可做，所有的生意都值得用社群再做一遍。"为什么他会有这样的看法？因为社群有着得天独厚的优势。

1.群聊沟通更直接，不但可以提升活跃度，还可以促进我们和用户之间的互动。

2.我们可以直接通过群聊把产品信息传递给用户，增加品牌和商品的曝光。

3.社群可以利用用户的从众心理来提高转化率，部分用户购买商品之后，能对其他用户产生一定的购买吸引力。

什么是社群

很多人在做社群卖货的时候，以为社群就是微信群，一股脑地拉人建群，甚至建立了几十上百个微信群，然后就开始大张旗鼓地卖自己的产品。实际上这样做是没有任何效果的。

回想一下，你是否也经常会被莫名其妙地拉到一个不知道做什么的群里面，看一眼聊天记录和公告觉得没有什么用、不感兴趣就退出了。其实我们的客户也是这样的，如果社群对他们没有什么价值，自然也会退出，所以盲目建群只是在浪费时间。微信群只不过是建立社群的有效载体，但微信群并不等于社群。

那么到底什么才是社群呢？

社群有一些它自己的表现形式。比如，社群要有社交关系链，不仅仅只是拉一个群，而是基于需求和爱好，要有相对一致的群体意识。此外，群成员还要有一致的行为规范、持续的互动关系等等。也就是说，社群是一群有共同爱好和追求的人，为了某种目的或目标聚集在一起的社交空间。在这个空间里，来自天南地北、五湖四海、各行各业的人互动、互助、互相学习、互相成就。这就是社群的魅力，没有时间和空间的限制，只有情感和价值的连接。

给大家举个例子。在一个卖母婴产品的社群里，群里面的成员几乎都是年轻的新手妈妈。这部分用户的特点就是都是第一胎，都是第一次当妈妈，很多的育儿知识不太了解，年纪不大，喜欢网购，不在乎价格更注重品质。于是这个群的主题就是教新手妈妈怎么带孩子。大家的痛点和需求是一样的，那群里面的气氛就会很活跃，变现也是水到渠成的事情。所以说，大家想要通过社群卖货，首先一定要建立一个有共同需求的群，这样的群是有载体、有中心的，大家的话题都可以围绕着这个中心发散。如果没有做过用户分析就随意拉群，那么这个群不久之后就会变成"僵尸群"，就会失去价值。

社群成员要有哪些共同点

1. 社群成员要有共同爱好

社群最大的价值就是人和人之间的关系得到了连接和释放。共同爱好就像是磁铁一样，可以吸引具备相同特性的人集中到一起，大家围绕着这个共同的话题发表意见、进行讨论，进而增强了对这个社群的依赖性。

例如，之前我加过一个宠物群，一开始是因为家里养了猫想要向别人请教一下经验，后来一有空就会去群里看看，一方面看看有什么养宠物的技巧，另一方面看看别人发的宠物也觉得很有意思。

2. 社群成员要有共同话题

一个微信群是否活跃、能够活跃多久，其实在建群之前就已经决定了。

这是为什么呢？

一个群的建立往往是因为一个话题引起的，这个话题能不能可持续地讨论，就决定着这个群能不能持续活跃。比如说，你建立了一个简历的交流群，这个群天生就是缺少生命力的，因为大家对简历制作的需求并不是长期的，同一个人制作简历的时间不会太长，基本上只要做完一个简历就可以退群了。

3. 社群成员要有共同目标

目标具有指导我们行动的作用，所以除了常见的兴趣群以外，我们还可以看到一些学习群、习惯养成的打卡群。这些群的成员是因为有一个共同的目标而进群的，可以是为了学习、减肥、早睡、早起等等。

社群运营的误区

1. 没有提前做好社群运营内容的策划就拉群

我们经常会听到有一些运营者说，我今天又拉了一个500人的微信群。其实这背后有非常现实的问题，即，如何保障群的内容质量以及服务的统一性、及时性和专业性呢？

社群运营是需要不断提供价值的。

这里有一点需要注意，虽然说干货输出是维护社群的好方法，越是有价值的内容越是稀缺，越能引起社群成员的关注和分享，但这不意味着你要把这项内容常态化。如果你每天都发的话，会显得你的知识来得太容易了，社群里的用户就不会珍惜，同时你的干货输出价值也大大降低。所以，我们可以有计划、有目的、分阶段地发布一些跟社群定位、产品或者服务有关的内容，让用户有一个由浅入深的接收过程。

其次，我建议大家最好在社群里面分享原创内容。

原创内容非常重要，可以帮我们建立品牌形象，塑造在用户心目中的形象。我们要注意不要复制一些已经被用烂的心灵鸡汤，这会让人感到反感。可以保存一些平时看起来有趣的句子，来搭建你的社群内容，原创的内容会让你看起来更加高级，让别人觉得你是一个有想法的人。同时，我们也可以学会用一些修图的软件，比如美图秀秀、黄油相机、海报工厂等，这些软件很容易上手，效果也不错。我们可以经常晒晒高质量的买家秀和一些聊天记录等，这样既能展现自己的产品有人买，还可以加深群好友对我们的信任，同时利用大家的从众心理，完成商品的销售，一举三得。

2. 一建群就卖货

很多人建社群的目的就是卖货，所以很多社群刚刚建立起来不久，还没有开始运营，就往群里面发广告。刚开始的时候会有人觉得新鲜，可能会有几个订单，但是过不了几天，群里基本就是发什么消息都没人回复了。

社群要产生价值才能完成变现。我们要明白，客户加入社群不是为了看广告，而是为了满足自己的需求。因此，建好社群后我们不要急着卖货，要重视运营和活跃社群的氛围。首先你可以找一个符合社群主题的话题，可以是新闻；然后把这个话题分享到社群，引导大家讨论；然后观察群里成员的讨论情况，最后再给出干货。

这样做的好处有三点。

（1）可以打造自己专业的形象，提升客户的认可度，和客户之间建立信任关系。

（2）可以满足客户的需求，不会让客户产生没有价值的感觉。

（3）可以提高客户在社群的活跃度，为我们以后卖货提供便利。

最后，我要提醒大家，当我们在和客户沟通交流的时候，不要以一种高高在上的态度，否则客户会有一种被教育的感觉，我们要站在客户的角度，和他们平等地交流。

本节小结

一、社群成员要有哪些共同点

1.社群成员要有共同爱好

2.社群成员要有共同话题

3.社群成员要有共同目标

二、社群运营的误区

1.没有提前做好社群运营内容的策划就拉群

2.一建群就卖货

02
轻松获取种子用户，流量快速裂变增长

相信很多人都参加过训练营和分享课，这种短期的训练营也叫"群发售"，就是在社群里面发售产品。本节我们以拆解这类训练营的框架及具体的流程为示范，分析一下如何获取种子用户，实现流量快速增长。

获取种子用户

在做群发售之前我们要保证的就是有足够的粉丝数量。如果你刚开始运营，那么只有一个方法，就是自己去引流。

群发售的价格

有了粉丝之后，我们就可以做群发售了。群发售的粉丝主要分成两种。

1. 免费用户

免费的课程能吸引更多人参加，但是因为缺少参与门槛及代价，大家对于这个课的态度势必不够认真。因此，在这里我们需要注意的是，即使是免费的课程，我们也要在他报名后再拉他进群。如果完全没有参与代价，那么很容易造成零效果。

2. 付费入群

付费入群，更容易提高课程的完播率和广告效果转化的情况。一般群发售的课程门票价格都会很低，一般在 9.9 元这个价位，或者更低，毕竟做群发售并不是赚这个门票费用。

裂变

我们自己的流量是有限的，如何通过有限的流量获得更好的效果？分销裂变，让更多的人帮我们去售卖，就能帮我们实现这一效果。这也是我们进行课程付费的原因之一，我们不需要付出额外的成本。

1. 什么是裂变

裂变活动是通过奖品吸引用户，让用户完成固定的任务方能领取奖品。简而言之，裂变通过策划活动奖品——设置领取奖品规则——引导用户分享裂变海报——用户影响用户的金字塔模式，源源不断获得新用户的关注。

2. 裂变的用户增长路径

我们举例来讲解一下裂变用户增长的路径。

以一级用户A为例子，我们发送推文或朋友圈，将裂变海报推送给A用户，A用户参与后添加客服微信，客服告知参与裂变活动。A用户为了拿到活动奖品需要邀请新用户参加裂变活动，A用户邀请好友B用户，B用户购买课程后，完成助力活动任务。同时B用户进入裂变流程，B用户添加客服微信，客服告知B用户参与裂变活动，B用户为了领取奖励会再分享邀请他的好友C用户，C用户购买课程，完成助力活动。

大家可以直接看这张图，更直观地感受裂变的原理和用户增长。

在金字塔顶端的用户我们称之为一级用户，通过一级用户扩散形成的用户称之为二级用户。大家可以看一下我过去发布过的裂变活动。首先发布裂变海报，用户报名后添加微信，告知用户裂变活动奖励和文案。用户发朋友圈，用户好友扫码支持，完成任务。当然，我们在前面也说过，做群发售不是为了赚门票钱，而是为了赚后面高客单价产品的钱。所以现在很多分销的课程分佣比例都是90%以上，甚至是99%，这样帮你分销的人也有足够的动力来帮你推广。

3. 裂变的准备

在做裂变之前要做哪些准备呢？

（1）流程准备

在上文中我们讲到过裂变的用户增长路径，我们可以根据这个增长路径确定裂变常规流程。

活动开始——A用户扫码进群——推送人物海报和话术——A用户参与分享——B用户看到海报，如此循环。

但是在具体实操的过程中，用户参与的裂变步骤可能会出现变化。比如，我使用的是"官推"这个工具，在用户购买并添加我为好友后，需要扫描海报，点击立即分销赚钱，才可以生成海报。这对于用户来说步骤太多了。后来我发现在官推的后台，有可以直接生成分销海报的链接，用户只要点击链接，就能够跳出属于自己的海报，这样步骤就少了。所以在设计流程的时候，我们要尽可能地简化流程，简化操作步骤。

（2）奖励准备

在裂变之前，我们要准备奖励。奖励可以是红包、优惠券，也可以是其他课程、资料、电子书、资源等虚拟产品。

在选择奖励时，要注意以下两点：

首先，选择真实可提供的。这一要求是提醒大家要保证活动的真实性，说出去的奖品一定要送到位。

其次，要选择成本低、数量多的产品。比如上面说到的红包、课程、资料等都是成本比较低的。

（3）海报准备

海报的设计和文案非常重要，大家一定不要小看这两块，一句文案的改进和修正可能提高80%的转化率。

海报最基础的6要素，包括主题、大纲、讲师介绍、形象照、推荐理由、限时限量。

在海报上一定要有二维码的引导，而且一定要写出紧迫感。比如前20名加入，还可以获得什么奖品，原价399元，现在限时6.6元等等。海报可以通过创客贴、稿定设计、图怪兽等工具进行设计，里面有非常多的模板。

（4）话术准备

裂变话术的关键点在于介绍活动的价值，并营造出紧迫感。

我们可以参考一下下边的话术：

恭喜您，抢到"人人可操作的线上高效赚钱体验营"课程。

麻烦将【付款截图】发给我备注3月22日统一建群，请耐心等待，谢谢～我们的上课时间是【3月22日—26日】共5天分享，2021年一起线上高效赚钱。

在此基础上，还有一个让你分分钟赚回学费的机会。

请点击下方链接立即生成你的专属海报，发朋友圈或者微信群、私聊好友，每邀请一位好友购买，即可获得5.94元。

专属海报生成链接：http://gt428.jointerest.cn/Home/courseDetail/b01092ed-b08c-4041-b12e-64ddebbac68e?showPoter=1

多邀多得，奖励金立马到账微信钱包，除此之外，还有额外奖励哦，点击查看：https://shimo.im/docs/WWxQJGrHktvyqXVp/

邀请参考文案：知名大咖沈小星老师公开分享《人人可操作的线上高效赚钱课》，帮助你全维度打通线上赚钱路径，让你轻松赚钱！

沈老师全球拥有50000+学员，他曾帮助上万人搭建了高效吸金变现系统，学员轻松实现了月入5到7位数。我已扫码6.6元报名了5天精品课程，精彩不容错过！我强烈推荐你一定要报名！

我们拆解一下话术中的相关信息。

①欢迎用户购买课程。

②提醒用户发送购买截图，审核用户是否是真实购买。

③告知用户上课时间。

④提醒用户可以分销产品，赚回学费。

⑤分享给用户点击后能够直接生成裂变海报的链接，减少步骤。

⑥告知用户除了奖励金之外，还有额外奖励。

⑦给用户可以直接发朋友圈的文案，不仅可以避免用户不知道如何发朋友圈，也可以提高转化率。

（5）工具准备

在裂变之前要提前准备和我们业务相关以及和此次裂变相关的

工具。

比如说我经常使用的裂变工具是官推。付款后会出现微信二维码，同时用户可以生成自己的专属海报，分享朋友圈，有人付款后，佣金会秒到微信钱包。需要准备活码。如果一个微信号突然大批量被用户添加，很可能会被封号；如果是微信群，满200人之后，就不能扫码进群了。此时我们就需要活码来帮我们解决这个问题。

我们可以创建一个活码二维码，我们平常用的是"微友活码"，然后在整个活码后台上传多张你的群二维码或者个人微信二维码。用户扫描活码，就会分配一张二维码，用户扫描100次后可以自动切换到下一张。次数是可以自定义的，可以设置100次，也可以设置50次，看自己的需求。使用微信活码工具，不会受到200人扫码限制，也不受被动加好友数量限制。这些都需要提前准备好。

（6）人员准备

在做群发售的时候要提前安排1至2名运营人员进行社群的维护，解答群友的问题。此外还需要提前跟分享嘉宾确认分享时间。

（7）邀请KOL、KOC参与

在分销裂变的过程中你会发现，一个普通人，无论他多么想卖货，因为自身好友数量和销售技巧，以及粉丝精准度等等因素的限制，他并不能卖出去多少，能卖出去四五单就算是不错了。

所以我们可以找一些KOL（关键意见领袖）或者KOC（关键意见消费者），他们手里有大量的粉丝，而且他们也知道如何帮助我们分销。当然这些KOL或者KOC帮忙推广也不是免费的。除了分销的佣金以外，我们还要付一些广告费，只要能回本即可。而我们能提供给他们的是更多的曝光和流量，这会吸引他们参与分销。

本节小结

一、获取种子用户：前期主要靠自己引流。

二、群发售的价格：分为免费和付费，各有优劣。

三、裂变：裂变的定义；用户增长途径；裂变的准备。

03
精细化管理与运营，引爆付费社群

通过上一节，我们已经做了充足的准备积累客户，那么接下来，我们就要开始建立社群了。本节我们来详述一下建立社群需要注意的具体操作。

社群管理与运营

1. 邀请进群

在我们拉群之前，可以先给用户发消息提示我们要建群了。

同学下午好，恭喜你成功抢占了沈小星老师的《人人可操作的线上高效赚钱体验营》名额，马上就要给你发送进群邀请啦。群里有学习干货、奖励、大咖直播等你，今晚7点30分也会举行开营仪式，8点开启第一节直播课，所以一定一定要及时进群哦。

然后我们就可以邀请已经报名的学员进群。在这一步的时候我们就可以写好备注，方便我们进行后续的操作。同时，我们需要注意确认自己是否拉齐了所有学员。一般情况下，我们建议社群成员在 100—200 人最好。人数太多，群很容易冷却，人数太少，群又会冷清，难以调动氛围。

2. 群公告

在群员进群后，我们要向群成员告知群规。

我们可以参考下边的表述：

重要！！【新手任务】

为了保障大家有效地学习，不错过内容，需要你

1. 添加【沈老师为好友】领取课程链接、听课密码、沈老师价值 199 元热卖课程

2. 修改个人昵称为：【昵称－职业－城市】，例【安安－文案－北京】

3. 等待今晚 7 点 30 分【开营仪式】

4. 等待今晚 8 点沈老师【直播课】

完成 4 个小任务的同学，可以在群内发出你的胜利宣言"已完成公告任务"

当我们发布公告的时候，可以注意要以"收到回复"结尾，这样可以让群内用户活跃起来。

此外还有一点要注意，我们不用把所有的消息都发在群公告当中，只要发一些活动通知、福利通知，以及能让大家学到东西的内容、对活跃社群和对群成员有利的内容即可。如果经常在群公告当中发无用的消息，很可能你后面再怎么发，大家都不再关注了。好

了，我们回到正题，在发完群公告一段时间后，我们还可以让用户发布自我介绍，比如可以这样说：

大家可以准备好自我介绍，并在班群里发出，让我们认识优秀的你，互相连接、学习

【姓名】_____

【坐标】_____

【职业】_____

【能参加学习的时间段】_____

【希望通过学习能解决什么问题】_____

根据承诺一致原理，有行动目标才会有最后的成功结果。如果社群氛围比较冷，没有人说话，我们可以让自己的助理或者是学员进群，来带动气氛。比如说，进群让用户发个人简介，但没什么人发，这个时候你可以让自己的助理或者是学员发一下自我介绍，起个带头作用。用户发完自我介绍之后，要及时互动。

3. 群规

群规则一定要在群成员进群之前或者在进群的时候就告知，这样做的目的是以后一旦有人违规，违规的人就不能狡辩，这也是我们对一些不必要的麻烦提前进行规避。

我们可以这样说：

班群作用

不定期为大家答疑、打卡奖励和群友福利【享受最优惠的正式课活动】

班群内禁止：

1.私下添加群内其他同学

2.分享任意形式的广告

3.发布不友好言论、不实言论

如有违反以上任何一项班规，将被踢出学习群，且不予退费。另有同学发现私下加好友情况，欢迎私信班班举报。

当然，就算我们提前明示了群规，依然有可能会有人违规，这时候我们就需要踢人。踢人要明示大家，否则其他人就会觉得莫名其妙。有时候，有的人的违规情况可能不是很严重，或者在被警告之后会及时改正，比如撤回消息或者道歉，这种时候我们可以提醒他下不为例。在这种情况下，要注意不要过于生硬，以免显得没有人情味。比如，群里面有一个宝妈想给自己的孩子拉票，这个本身是不允许的。这个时候就可以用群主的号点进去帮她的孩子投票，然后告诉她，我们帮她投了一票，但是群里面是不可以拉票的，请她知道这一点。这样的话，她会比较乐意接受，群里面的其他好友也不会觉得群主没有人情味。如果是发广告的话，就是比较偏恶意的违规了，但我们还是要看情况处理。如果社群是没什么门槛就能进的，那有人违规可以直接踢出。如果是有门槛的、付费进群的，就要采取谨慎的处理措施，我们可以先私聊提醒违规的人，如果对方的态度还不错，表示会改正，那就可以原谅，但同时我们也要在群里提醒一下，防止有其他的群成员认为这个行为是被允许的。

社群成员发广告这件事，如果处理不当，可能会让社群成员非常不舒服。这个时候，我们可以"坏话好说"。

什么意思呢？我们可以说：非常感谢这位群成员的分享，但是要注意分享的方式！然后加上社群的群规则。这样就不会让对方觉得特别不舒服。或者我们可以告诉学员，自己有一个专门的广告群，如果需要可以将他拉到广告群，但是现在这个群不能发广告。如果这样对方还一直狡辩的话，那我们就可以顺理成章把对方踢出群。

4. 开营仪式

（1）提前通知

在开营之前可以提前发布通知，告知活动的主题、时间、内容。我们可以参考以下的说法：

【开营倒计时】

嗨，优秀的同学们，大家晚上好

接下来的几天，期待和大家一起学习

今晚 7 点 30 分，将为大家揭晓本次训练营的内容安排及奖励

先给大家交代一下今晚的开营议程：

1. 官宣本班班规

2. 课程内容及学习安排

3. 奖学金介绍

收到请回复：今晚 7 点 30 分一定来，一起成为有钱人。

在通知的最后一定要有"收到请回复"这样的字眼，让群成员在社群内刷屏。

（2）开营仪式内容

在开营前十分钟左右，我们可以用红包雨开场，调动群成员的氛围。一般情况下，我们可以把开营时间控制在15到20分钟之间。

内容包括：群规介绍、课程内容和学习安排介绍、奖学金的介绍等等。

开营仪式结束后，可以给学员一个"自我发言"时间，让大家主动提出问题，班主任帮助解答。

主题分享

1. 主题分享的时间

一般来说群发售的时间在3—7天。一次主题分享的时间在1小时左右。

之所以我们选择这个时间，是因为大家在刚进群的时候会有一定的新鲜感，在这段时间内比较活跃，对内容的关注度也较高。而随着时间拉长，用户的关注度会降低。同时，训练营一般情况下价格低廉，长期维护也需要一定成本。

2. 主题分享的形式

关于课程，我们可以选择直接在社群内讲解，也可以选择利用各类平台，比如说荔枝微课、小鹅通直播。

如果你在不同的社群进行讲解，可以通过工具实现多群同步直播，比如"一起学堂"。不过，同步工具可能会造成延时的情况出现，我们要预先了解一下相关的情况。同时在讲课的过程中，我们要多和大家进行互动，设置提问环节，这样才能增强用户听下去的兴趣。

3. 主题分享的内容

主题一定要有含金量，不能因为价格低就有所松懈。课程的内容是建立信任的核心，如果这次课程讲的内容不够硬，那么学员就会觉得高客单价的内容也会很水。如果我们这次的内容包含很多干货，那么很容易塑造我们在用户心中的价值感。

这里也提醒大家，在课程开始之前，我们可以进行简单的自我介绍，自己是谁以及如何成功的，同时感谢大家的参与和认可。这能帮助大家意识到，你不是一个高高在上的导师，而和他们一样是一个普通人，从而拉近你们之间的距离。同时，也可以让大家更有信心，跟你一起变得更好。

其他活动

在3—7天的课程当中，除了讲课之外，我们还可以增加一些额外的活动。具体可以有如下的参考。

1. "加餐"分享

邀请我们之前的受益者来社群分享他的体验、进步情况和实际收获。

2. 设置颁奖典礼

给完成度高的学员设置荣誉奖项，督促进步。每次根据不同方面的内容设置荣誉奖项以增强惊喜感，比如，全勤打卡、作业优秀。奖项的名称也可以各有花样，比如，踏实勤奋奖、优秀学霸奖、好学小标兵、勤奋好学奖、佳言妙语奖、温暖热情奖、严谨认真奖、知行合一奖等。具体的奖项、奖品可以根据我们的实际情况来设定。

3. 问题答疑

在训练营当中我们可以收集用户对课程内容的疑问，针对性地予以解答。在答疑前，我们还可以在社群当中进行问题接龙，收集学员的问题。

4. 做小游戏

通过游戏互动活跃社群的气氛。比如以下这些常用的游戏互动方法。

（1）掷骰子：这个游戏相信大家并不陌生。在微信表情中有一个骰子的图标，发送这个图标是活跃社群的不错方法，班主任可以指定点数，最先抛出的人获胜。获胜的人私聊群主可以获得指定的红包，或者无门槛优惠券、其他奖品等。

（2）猜歌曲：班主任可以发一段歌词，让大家猜猜这段歌词来自哪一首歌，并规定第几个猜中的人可以获得奖品。此外还可以猜人名、猜谜语、看图猜物、猜脑筋急转弯等。

本节小结

一、社群管理与运营：邀请话术；群公告撰写；群规设定；开营仪式的方式。

二、主题分享：分享时间；分享形式；分享的具体内容。

三、其他活动："加餐"分享、设置颁奖典礼、问题答疑和做小游戏。

04
提高社群转化利润，解决每个变现关口

在前边的内容中，我们讨论了社群活动引爆和社群运营与管理。群发售最终的目的在一个"售"字上，也就是我们要销售高价产品。高价产品应该如何销售，如何提高产品的利润率呢？在本节，我们将从三个方面着手来讨论这个内容：什么是利润额？怎样提高利润额？如何提升复购率？

首先，让我们先了解一下什么是利润额。不管卖什么产品或者做任何项目，我们的目的都是获得利润。那么是什么因素决定了利润额呢？

$$利润额 = 销售额 \times 利润率$$

首先我们需要销售额，即使我们的利润率再大，没有销售额的情况下，我们的利润额还是等于零。其次我们需要利润率，如果没有利润率，即使销售额再高，利润额也会很低。

接下来，我们可以思考一下，销售额又是哪些因素决定的？

$$销售额 = 购买人数 \times 客单价 \times 复购率$$

由此可得：利润额 = 购买人数 × 客单价 × 复购率 × 利润率

我们看到这个公式是每一个环节相乘，那如果每一个环节都最优、最大化，那这些环节乘起来之后，就是一个倍数的增长了。

那么如何将每一个环节做得更好呢？

接下来是第二个问题，我们如何提高利润额？我们知道：销售额 = 购买人数 × 客单价 × 复购率。想要提升利润额，我们首先要着手扩大购买人数。

$$购买人数 = 流量 × 转化率$$

流量大家都知道，就是有多少人关注你，关注你的产品。接下来就是如何提升转化率。

如何提升转化率

通俗来讲，转化率就是购买你产品的人在关注你产品的人里所占的比例。

可见，从流量、转化率这两个方面着手，我们就可以有效扩大我们的购买人数。如果原来只有30%的人来购买我们的产品，把购买产品的人数比例提升到50%，就是提升转化率。一般情况下，我们可以从以下几个方面来提升转化率。

1. 用户证言

已购用户的反馈对未转化用户的消费欲望有很大刺激作用。就像你在电商网站上买东西，多少也会参考用户评论来决定是否下单。

卖家自夸多好，都不如用户的口碑。曾经接受过你的产品的人都取得了怎样的成绩，你不妨都大方晒出来。正向的案例能充分体现你可以给予的帮助，这样可以有效地获取学员的信任，自然也能增加转化的概率。

2. 福利诱惑

将报名课程可以赠送的福利简单介绍一下，而且赠送的每一样东西都要标明一个价格。这样用户可以更具象化，看到现在购买课程到底能获得多少好处。

3. 截止时间和人数

在做群发售的时候，一定要设置截止时间或者人数。原理也非常简单：利用稀缺效应制造紧迫感，督促用户下单。同时，我们可以在社群内发布活动倒计时的图片。总之就是时刻传输一种紧迫感，告诉他们这个优惠的价格是限时限量的，而且课程很好很超值，要抓紧购买。

4. 引导报名

在介绍完正价课后，就可以发送付款链接或者二维码了。在发送付款链接之前一定要和他们强调将付款的截图发到群里，以便核对。这样可以让没有下单还在犹豫的学员觉得原来有那么多人购买了，产生一种从众心理。有些学员购买完后可能不会发消息到群里，而是直接私信你，你也要把购买的截图发到群里。当然不要忘记隔一段时间要发一次购买的链接，让想要购买的学员能够立刻找到。

如何提高客单价

1. 为消费者设置一个基本的目标

我们不妨回想一下"双十一"的时候，天猫、京东等很多的平台都在玩一个套路，跨店满400元减50元。这就是给用户设置一个基本目标。在这个活动当中，只要有人消费到了400元，就可以减50元。所以很明显，这些平台是给大家设置了一个目标值400元，而且是每满400元都可减免，当购买的金额达到800元、1200元都可以享受优惠。这就满足了不同消费等级的用户。我们可以回顾一下自己的购物体验，当你本来要买300多元的物品时，再购买一个东西就凑够400元，可以减免50元，那么你是不是大概率会选择一个产品来凑单呢？

而在实际的凑单过程中，我们很难刚好凑满目标数目，这就等于给了客户一个基本目标，进而提升了客单价。如果你仔细思考一下，满400元减50元实际就等于价格打了八折。但如果直接设置成打八折，用户很可能买完100元就走了，但设成减免活动，用户就有可能为了减免而凑单。这样就有效地提升了客单价。

那在我们日常生活当中，有没有这样的案例呢？比如，点外卖的时候，很多外卖店也会设置满减，用户为了满减就会凑单。我们在群发售的时候也可以设置一些促销活动，激发客户的购买需求，提升客单价。

2. 捆绑销售

比如，我们在一些店铺里面经常看到，两件衣服按照最高价格的那一件出售。再比如两件 9 折，三件 8 折。原本你只想购买一件产品，但是为了获得折扣，就想着多买几件。这样可以增加同类商品的销量，还可以增加单个用户的销售额。比如，我有很多的训练营，比如说金牌导师赚钱实战营、成交赚钱训练营、知识变现训练营等等。那我就可以把这些训练营组合成不同的套餐，捆绑销售，这样可以有效地提升用户的客单价。

3. 购买价值更高的商品

如果用户消费的量是固定的，比如一个人一次只能喝一瓶饮料。则可以让用户购买价格更高的饮料，这样客单价就增加了。比如用户想要通过副业赚钱，通过报名金牌导师训练营和副业赚钱知识变现训练营，都可以实现副业赚钱。但这个时候可以引导用户报名新创业课程，因为新创业的课程不仅包含金牌导师训练营和知识变现训练营的内容，还有其他很多课程可以学，而且会提供一对一辅导。

这就有效地提升了用户的客单价。

如何提升复购率

1. 做好留存，多点触达

这是什么意思呢？也就是将用户留存到不同的渠道。比如说一个用户在你的群里，那你可以让他加你微信，关注你的公众号、视频号等等。这样的话，即使有一天他退群了，你还可以在微信、公众号、视频号触达他。这就是做好留存，多点触达。

2. 给下次来消费的理由

在训练营中，我们可以推出完课奖励和好评奖励。比如说，完成课程所有内容才能获得指定奖励，对课程进行文字＋图片＋音视频的好评之后可以获得指定奖励。奖励可以是其他课程的优惠券，可以是满减、折扣、无门槛优惠券。这样不仅能提高学员的完课率，还可以降低学员购买门槛，激发购买欲望，促进复购欲。此外，好的评价是对课程内容质量好坏的直接体现，多数新学员都会注重口碑。

好评和奖励还可以促进转介绍，达到树立一个好品牌的效果。总的来说，增加复购率最重要的还是要先保证学员满意度。

本节主要探讨了利润额和利润额的提升办法。

1. 想要提升利润额，我们可以从扩大购买人数和提升转化率两方面入手。

提升转化率我们可以从以下4个方面着手：（1）用户证言；（2）福利诱惑；（3）截止时间和人数；（4）引

导报名。

2.想要提高客单价我们可以从以下几个方面寻求突破：为消费者设置一个基本的目标；捆绑销售；购买价值更高的产品。

3.想要提升客户对产品的复购率我们可以从以下两个方面入手：（1）做好留存，多点触达；（2）给下次来消费的理由。

05
社群运营六大狠招，快速调动粉丝活跃度

很多人都有切身的体会，建社群容易，但是保持活跃度比较难。大多数社群在建立初期都有过或长或短的活跃期，但后来慢慢地就变得越来越沉寂。特别是现在人们加入的微信社群越来越多，各种社群活动也越来越多，花在微信群里面的时间是有限的，保持社群活跃度越来越难，那么我们应该怎么做才能在这种情况下，保持住社群的活跃度呢？

我们先来探讨一下社群沉寂的两大原因。

群成员造成群沉寂

那么是群成员越多的社群就会越活跃吗？如果我们观察一下，会发现很多成员高达四五百的群依然是"死群"，不管发什么东西都不会有人回复，可见人数不是影响社群热度的关键。如果我们仔细研究那些失败的社群，会发现这些群其实存在着一些通病。不发言的成员永远都不会发言，一个不发言就会引发更多的人不发言。大家进群就是为了得到收获，进群的用户都是抱着学习或者了解的心态，如果用户得不到自己想要的，自然就不愿意发言了，"死群"

就出现了。

管理的原因

微信群的主要管理者是群主，很多群主建立了社群之后就置之不理了，群龙无首，群自然就会慢慢地沉寂下来。错误的管理也会影响社群的热度，有的群主一直在社群里面推销自己的产品，这种强制性的推销就会导致愿意发言的成员越来越少，最终也成了"死群"。

那么，如何才能让沉默的社群活跃起来呢？

1. 提供价值

一个社群能否保证长期的活跃，和这个社群能不能提供价值有直接的关系。这个社群对用户来说有什么用？留在社群的理由是什么？维持一个社群长期活跃就要匹配用户的需求，给用户提供价值。我们可以从三方面考虑给用户提供价值。

（1）内容价值

很多时候社群成员需要精品的内容，社群作为一个平台，可以筛选出精品的内容提供给用户，减少用户信息筛选的时间。此外，我们可以在社群中鼓励社群成员分享内容。比如，看过一篇好文章的思维导图，听过一节很好的课程的感悟，都可以分享给群里的其他成员。

（2）人脉价值

社群是一个交流的平台，可以帮助同频的人找到对方。我们可以在社群中制造一些大家可以相互连接的机会，比如，在群里面做自我介绍。

（3）资源对接

如果社群成员的调性一致，就很容易聊得来，在交流的过程中很容易达成合作。所以说，把社群的价值做精、做好，让群成员感受到价值，社群的活跃度就会提升。

2. 通过小细节为群成员打造仪式感

每个群当中都会有一些"潜水"的成员，老成员不交流就要拉新鲜的血液来替换。因为互联网的发展节奏不断加快，并且90后、00后一批年轻人也涌现出来了，所以我们的社群也要跟上现代社会的脚步。而且现在的年轻人思维敏捷，能迅速活跃群里的气氛。所以我们要适时更新群成员才能让沉默的社群重新迸发出活力。

在新人进群的时候，群主还可以适当根据自己的社群调性来设计一些欢迎语引导新人发红包，接着群主再发红包回馈。这样做可以让新成员产生仪式感，觉得能成为其中一员，社群的黏度也会相应地加强。另外，发红包一方面可以促进社群的老成员和新成员形成互动，另外一方面新成员也会有参与感，觉得自己被重视了。红包其实也就相当于欢迎语的加强版了。

3. 建立群内升级、降级的机制

建立升级和降级的机制，有助于提升用户活跃度。就像打游戏每完成一个任务就可以获得相应的奖励，完成任务的次数越多等级就会越高，长时间没有完成任务就会降级。比如，我们可以同步操作两个群。对那些没有达到要求的人，既不想让他们留在群里影响其他人的积极性，又不想用强硬的手段让他们退出，那么我们可以将他们拉到"留级群"里面。我们可以规定，一个人一个月要打卡满20次，打卡不满20次的人就会被拉到留级群。这样做的好处是，一方面我们可以相对缓慢地换血，另外一方面也可以给那些有可能有其他原因造成没有办法积极参加社群活动的成员一个机会。对那些升级的学员来说，他们会有一种稀缺感，由于这种稀缺是靠自己的努力争取的，他们就会对此越来越重视。

4. 提供超预期惊喜

所谓的超预期惊喜，也就是说我们可以预先准备一些福利来层层铺垫。比如说，在宣传的过程中，我们用 A 内容去吸引用户，让用户加入了社群，但是在他加入社群之后，实际上他所能够获得的服务是能够达到 A+ 的，那么用户就会有一种赚到的感觉，自然就会更想留下来。这里要提醒大家的是，千万不要用虚假的宣传，虽然这样可能会让更多的人加入你的社群，但是没有达到用户的心理预期，用户就会不信任你，那么你后期做的所有营销，都会白费。

5. 定时举办活动

定时举办活动，是为了让群成员活跃起来，让大家都能够有归属感。

线上活动要与主题相关，比如说，你的社群是关于写作的，那么你可以举办类似"诗词接力"这样的活动，每个人读一小段，让大家按照自己的序号读下去。这样既避免了大家的劳累，也让其他群成员觉得温暖。此外，还可以进行线下活动。在条件允许的情况下，线下活动是一个大家能快速活跃起来的途径。大家在现实中成为朋友之后，在微信群里面的表现自然而然也会更加活跃。但是在考虑组织线下活动时，我们不仅需要考虑活动现场应该怎么做，还要考虑活动前、中、后的一些细节等问题。我们做线下活动，不是让社群成员当天来参加一下，听完就走，我们更希望形成的是，在活动前开始各自准备内容，活动中每个人都能够成为分享者，增强对我们的认可度，从而能成为输出者。

6. 定期发放福利

发福利在社群当中可以形成一个鼓励的机制，可以鼓励社群中的优质成员，激发更多的人一起参加。比如说，你的社群当中有打卡环节的话就可以设计一个"最勤奋奖"奖励给打卡全勤的成员。这个方法当中有一个关键点，大家一定要注意，就是在周期的设置上一定要合理，不能太长也不能太短。如果太长的话社群成员会很不耐烦，太短的话执行起来会比较容易疲劳。周期设定之后就要严格地去执行，不然很容易让人觉得这是在骗人，信任度和黏度也会下降。

在福利的选择上面，我不建议用金钱这样的形式，比如说红包。因为红包可能会让用户不断地提高心理预期，用户的满足感也要用更多的金钱进行刺激，而且红包是不带传播功能的，很多人收了红包不会去发到朋友圈，这对我们社群管理来说是吃力不讨好的，并且还会逐渐加大负担。

那我们送什么福利好呢？在这里我建议大家可以送一些周边产

品，或者是符合我们调性的产品，可以送书之类的。这些是大家愿意在朋友圈晒的，如此就可以提高社群的黏度，还可以帮我们做宣传。

除了这些方法以外，我们还要注意一些小细节，比如群里的成员提问题之后，或者是发出早晚安的问候等，我们要尽快回复，不要冷落他们，这样可以让社群成员觉得很温馨。

本节小结

6个方法提升社群活跃度：

1. 给用户提供价值

2. 通过小细节为群成员打造仪式感

3. 建立群内升级、降级的机制

4. 提供超预期惊喜

5. 定时举办社群活动

6. 定期发放福利

06
多渠道社群商业变现，摆脱社群变现误区

会费变现

　　会费变现的意思是，社群成员在加入社群之时必须向社群支付一定的费用，才能加入社群、参与社群活动、享受社群服务等等。比如说，我经常会发起一些为期 5 天的训练营活动，入群费用是 6.6 元。之前我也发起过 99 元的视频号社群，在群内大家可以互相点赞视频号、交流如何拍摄等等。

　　付费也可以被看作筛选门槛，社群不同于粉丝群，它是有着共同目标和价值观的人的聚合，因此群成员必须是经过筛选的，收费就是一个很好的手段。如果你愿意为入群付出金钱代价，那基本可以认为你对社群是高度认同的。用户付费进群后会比较注重群价值，对社群也具有较高的重视度。会费变现对社群的要求是比较高的，社群的价值要能够符合用户的期望，并能吸引更多的用户付费加入。如果你想要进行会费变现，在宣传的时候一定不能够虚假宣传，否则用户进群之后发现根本达不到自己的期望，就会对你很失望，可能还会要求退费。

分销变现

分销这个概念，其实我们在之前的课程当中就已经说过。当我们自己找不到产品的时候，可以帮助其他人来售卖。比如说现在很火的知识付费课程，我们都可以拿来分销，可以生成自己的专属二维码，那么社群里的用户，不仅仅是我们的消费者，还可以是我们的学员。我们可以培训他们，将他们发展成为下线，这样他们分享出去之后，有人购买了，我们也可以获得佣金。

广告变现

社群广告变现，也叫流量变现，就是通过在社群内发布广告的方式实现社群变现。这个还是比较好理解的，我们可以参考现在的某些公众号和抖音。如果你的个人微信用户比较多或者社群比较多，你就可以做广告变现。一般来说有两种社群广告的变现模式：一种是替合作方打广告，把社群当成发布广告的渠道，收取广告费；一种是代理产品，通过在社群内发布产品广告，收取分佣。在社群内发布广告，要注意两点，一是要注意产品质量，你的产品就是你的人品，要严格把控产品质量，最好亲自试用；二是要注意推广频率，不能频率过高，以免打扰粉丝。

售卖或出租社群变现

如果你能力非常强，能迅速地打造出一个高价值的社群，或者说通过长时间的积累能打造出一个价值比较高的社群，就可以通过售卖或者租出社群的方式实现社群变现。售卖是一次性的交易，就是你把一个群培养出来之后，把这个群转让给有需要的人。出租是多次的交易，这个社群还是属于你的，只是你把它借给别人用。但是这类社群的群活率比较低，所以如果想要通过这种方式变现的话要不断地组建新的高质量社群才可以。

如果说变现方法差不多就是这几种，那么有的人可能会说，为什么别人的社群变现这么容易，我的社群变现能力就这么难呢？在这里可以参考以下几种原因。

1. 入群门槛太低

很多人在建群的时候为了扩充好友人数，总是盲目地拉人进群，导致社群后期没有变现的能力。我们在建群的时候最好对普通的社群成员进行审核，并且制定群规则，这样才能引起社群成员的重视，留下来的社群成员的质量也会越来越高。

2. 变现方式太过单一

很多社群只会用一种方式变现，因此就导致了社群成员产生疲惫。社群就是社交，社交就必须要让社群成员不断体会到新鲜感和惊奇感。所以我们在做社群运营的时候，要不断地学习，不断地迭代玩法，变换社群变现的方式，增强社群粉丝的新鲜感，这样社群才能在多维度的环境中逐渐地越来越强大。

3. 产品宣传形式过于单一

有的群每天都发差不多的东西，比如说海报、跟别人的聊天记录以及产品图片，来来回回就只有这么几种，社群成员看久就会腻。很多时候用户的消费是需要去刺激的，就像很多大品牌的宣传经常更换，可能文案差不多，但是表现的方式不一样，这样人们就会有新鲜感，愿意去尝鲜，愿意去购买。如果产品宣传方式一直一样就刺激不到用户的消费欲望了，所以我们要不定期地以图文、视频、线上活动或者是线下沙龙的形式，多维度地去展现自己的产品。

4. 缺乏深度运营

很多人之所以很难变现，就是因为缺乏深度的运营。他们只是把社群当作一个发布广告的渠道，在社群里面刷各种各样的广告，很少做维护。其实，社群变现的前提就是要有良好的信任基础，而信任的培养就在于深度的运营。

比如说，每天早上发布早报、干货资源、每天签到、组织各种各样的社群活动，和社群里面的成员进行互动、答疑等等。这样才能吸引和留住有效的用户，从而实现变现。

社群变现是社群运营中非常重要的一个环节，你既要了解社群变现的方式，还要了解自己变现难的问题所在，然后解决它，这样你的社群变现之路才能够越走越宽。

一、社群变现有哪些方式?

会费变现;分销变现;广告变现;售卖或出租群变现。

二、为什么会出现社群变现难的问题?

入群门槛太低;变现方式太过于单一;产品宣传形式过于单一;缺乏深度运营。

Part 3

你也可以是优质内容出品人:
攻克不同领域的文案技巧

01

社交文案：这么聊天，用户主动找你买东西

微信本来就是个社交软件，或者说线上很多平台都是带有社交属性的，比如说抖音、小红书等等。对于所有具有社交属性的平台，你都要学会去聊天，学会维护和用户之间的关系。本章节我们重点讲讲如何社交、如何促成转化。

点赞评论、维系关系

可能很多人对于点赞评论没什么感觉，也不重视，觉得不就是点赞评论吗，这怎么可能促成成交呢。倘若你仔细回想一下，是不是自己就更容易记住那些给自己点赞的人？我们必须承认的是，一些用户在我们的微信列表里，但我们和他们之间是没有深度连接的，他们可能就是有联系方式的陌生人罢了。想要从陌生人那里赚到钱，那我们必须要先将陌生关系发展成好友关系。

那么，第一步我们就要学会点赞评论。就像追求一个女孩，你不能一上来就说，哎，你要不要和我结婚？人家只会骂你神经病。你得先和她熟悉一下，让她先记住你，循序渐进。比如她发个朋友圈，你给她点赞，第一天点赞第二天点赞，她肯定会记住你的。但

是在点赞评论的时候，一定要用心，这样被记住的可能性才会更大。那么，怎样才算是用心的评论？在这里，我举个例子：

晓晓发了一张复盘笔记的图片。

A评论：真棒。

B评论：哇！你的字好漂亮，复盘特别详细，我也有做复盘的习惯，有机会一起交流呀！

你觉得哪个人被记住的可能性大呢？毫无疑问，你会选择B，不论是做什么事，用心与不用心对方会直接感受到的。接下来我们说一说点赞评论有哪些注意点。

（1）用心：就如我们上面所说，别人能感受到你是否用心，如果不用心，到头来浪费的也是你的时间。

（2）真诚具体：我们主张朋友圈互动并不意味着，但凡别人一发朋友圈我们就要跑过去点赞，实际可能弄巧成拙，也许人家发的是悲伤的事。过度频繁的点赞会让人好奇你是不是开了什么点赞的外挂，甚至会想要把你屏蔽。

（3）学会夸赞：夸赞的要点在于多夸细节。比如如果别人发了一张自拍，你直接说"真美啊"，可能不会让对方有什么感觉。如果你说"衣服颜色特别适合你，很显白"，明显会让对方产生不一样的感受。同时要注意的是，在我们夸赞评论的时候，要尽可能选择使用疑问句或者感叹句，引起互动，这样才能增加聊天的机会，以及对方回复我们的可能性。点赞评论这件事，不仅仅适用于新用户关系的破冰，也可以维系老用户之间的关系。这些事利用生活中的碎片时间就可以完成，行动很小但是威力很大，在与用户建立的好友关系初期我们一定要这么做。

套近乎，寻找共同点

我们说成交的基础是建立信任，有信任才会有成交。那么如何让你和客户产生信任？首先，用户要对你有一定的了解，比如在加上好友的初始阶段发送自我介绍，在日常生活中通过朋友圈展示自己。其次，要学会和用户聊天。很多人会对聊天感到不好意思，觉得和陌生人说话"无从下口"，想要打破这个尴尬局面，我们要学会套近乎。套近乎，肯定是要关心对方的衣食住行，类似"你今天吃了什么？你假期去哪玩了？"但不能突兀地去引入话题，我们可以先看看对方的朋友圈，了解一下对方的基本好恶。如果实在找不到共同点，还可以看看对方的坐标，寻找带有地域共性的话题，比如"老乡"。除了坐标，我们还可以寻找身份标签，比如共同的职业、爱好等等。

找到话题切入点，聊熟悉之后，逐渐建立信任基础，后面我们发营销消息或者推销产品才会顺利。

接下来，我们再说说聊天过程中有哪些注意点。

（1）用自己平时的说话聊天。我们可以想一想，自己是喜欢与人聊天还是喜欢与机器聊天？相信大部分人都会选择人。用自己的话与别人聊天沟通，而不是那些固定回复，他们能觉察到我们的真诚态度。

（2）用户开心了，才愿意购买。这句话很容易理解，我们可以先来看看这道选择题：一个严肃死板的人和一个幽默风趣的人。这两种人你会愿意和哪种人聊天？所以聊天时候多幽默一点不是坏事，这样欢乐多，朋友也多。

（3）及时回复，不要过晚回复。聊天的时候，别人问你一个问题，你过了好半天才回复，他在等待你的过程中已经丧失了耐心。如果临时有事，可以和对方提前讲一下：不好意思我有点事情，可能晚些回复，有事请留言，看到会立马回复。

（4）发挥同理心。用户在和你聊天的时候，如果他一直在抱怨，其实是好事情，因为这正好给了你帮他解决问题的机会。如果你能帮他解决问题，他对你的信任也会大大提升。利他，就是最好的利己。这时候，我们不如发挥同理心，多听抱怨，理解他，再帮助他解决问题。

（5）多闲聊，别做一个只认成交的冷漠卖家。肯定很多人会问，我虽然也想闲聊，但我还是不知道怎么开口怎么办？这里，我再和大家分享几个开场白：

第一类"夸赞系列"，满足对方小小的虚荣心。比如：你的朋友圈文案很棒，想给你点赞！关注你好久了，你太自律了吧，向你学习！

第二类"咨询系列"，每个人都想成为专家。比如：你好！我也是做××的，我们的客户资源互为补充，希望能交流互学，有机会一起合作。

第三类"肺腑系列"，晓之以理动之以情。比如：很高兴能和你在同一个群里，我平时也喜欢学习新的知识，希望能成为你的微信好友。

你好，我也是一位宝妈，能不能和您一起探讨下育儿方面的知识呢？

第四类"走心系列"，快速拉近距离。比如：看你在群里发言，你也对××感兴趣吗？

本节小结

本节着眼点在于重视和用户聊天，拉近距离，促成成交。

1.学会点赞评论、维系关系，其中，三个注意点必须了解：用心、真诚具体、学会夸赞。

2.套近乎，寻找共同点，通过朋友圈、坐标、身份标签、职业等等寻找共同点，作为聊天切入口。

3.聊天当中的几个注意点：

（1）用自己的话聊天。

（2）用户开心了，才愿意购买。

（3）及时回复。

（4）发挥同理心。

（5）多闲聊，别做一个只认成交的冷漠卖家。

02

社群文案：出场自带亮点，被动引流并不难

本节讲两个问题：进入别人的社群后，你可以如何做？经营自己的社群时，你应该如何管理？

首先我们来解决第一个问题，当我们进入别人的社群时，如何快速融入并且从中挖掘你的客户呢？把握好以下5个步骤，有助于你达成目标。

进群前的准备

首先，你要清楚自己想要进什么样的群，或者说自己将要进什么样的群，是学习群还是某个行业或者爱好群。你选择进入的群最好是能够为你的产品或者服务起到引流作用的群，比方说你的用户多是女性，那你就找一个女性群，像是护肤、宝妈群等。这些都会是你未来的潜在用户。对于一些付费的高价一点的群，如果你和管理员或者其中比较有领导力的人结交，最好让他引荐你进群，帮助你说话，介绍你。如果说没有这样的人，你也可以关注群里哪个成员与你互动比较多，和他多建立联系、聊天，使自己尽快融入社群。

了解群规机制

在我们进群前，我们可以先询问对方有哪些群规，或者在进群时候就查看群公告，了解群规机制，避免自己触碰到红区。同时，我们也可以私信或者在群里问下，近期群内是否有新的活动，使自己快速融入集体。

自我介绍、吸引潜在用户

了解群规后，第一件事情就是发自我介绍。自我介绍写得好，也可以达到很好的引流作用。具体自我介绍怎么写，我在前文都讲过了，这里不再赘述了。

提供价值、被动引流

想要被动引流，最核心的就是提供价值。如果你回想一下，会发现自己平时在社群集体中想要主动联系的人，也往往是愿意帮助你的人，愿意为你提供价值的人。比方说你是做减肥训练营的，加入一个社群后，有人说自己近期饮食不规律、发胖，很苦恼。这时候你就可以出来为他提供建议，如何做可以帮助他减肥。但是这时候一定不要很生硬地说我这里有个产品，很适合你。人家会觉得你就是来推销产品的，根本不是想要帮助他，只是想要赚钱而已。如果你能真诚给出对方建议，对方反而会记住你。而且在今后有疑问的时候，还会想要问你。当你们成为彼此好友之后，在他日常刷你朋友圈的过程中，时间长了，只要你的产品有价值，对方一定会付费。因此，你必须坚持每天主动曝光自己，朋友圈就是最好的广告位。同时，除了主动解答别人的疑问，你还可以主动联系群主群管理员，在群内进行主题分享。免费的群内主题分享也是展现自己的一种方式，更是被动引流最佳方式。

私信沟通、建立联系

私下的一对一联系要比群聊能带来更多价值。当你在群内已经广泛发言，成了脸熟成员后，那么更要去经营这种一对一关系。在加好友的时候一定要告诉对方你是从哪里知道他的，加人也需要一个理由。

接下来，我们来看一下第二个问题：自己的社群怎么去经营。

自己的社群也分为几种：免费群、低价群和高价群。一般来讲，低价群只收取几块钱、几十块钱，不提供任何后期服务，只提供交流通道。而高价群，类似于训练营，提供成体系的服务。针对免费群和低价群，我们只需做好群规则，然后把规则放在群公告即可。

那么，我们应该如何撰写群公告呢？群公告一般分为4个部分：欢迎语；群说明；引导互相连接介绍；群规说明。

大家可以直接看我们的一个群公告：

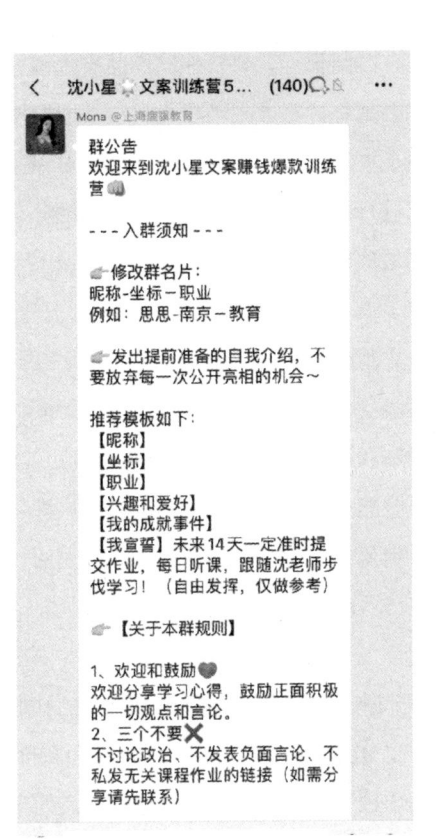

欢迎来到沈小星文案赚钱爆款训练营，就是一句欢迎语。

我们这是文案学习群，大家进群之前都了解了，所以没有做说明。如果是一个低价的群，可以说明这个群是提供什么，供大家做什么的。

下面的入群须知，就是在引导大家互相连接介绍。

最后部分就是说明群规。

如果有人违反群规，但不是很过分地发低俗低质广告，你也不好直接把他踢出去，这时候怎么办呢？对那些发低俗广告的，你直接移除群聊，再说已踢出群就行。但是那些在你忍受范围内的，你就可以委婉一点，比如：亲，是不是发错群了呀？像之前我们群里有那种小孩子拿家长手机，发了很多表情包，你也不能一下子把他踢出去对吧，可以在群里说明一下情况。或者你私信他，先把他移出群，然后等他本人回复了，再拉他进来。那高价的社群，如果说是一个训练营，是有完整的一个步骤环节，这就涉及社群运营部分。

最后我们再说下，社群中几个不能做的事情。

（1）切勿长期"潜水"：所谓"潜水"就是在群里不说话，长期不参加活动。如果这个社群是有价值的，那你必须在里面增加参与度，混脸熟。如果你认为没有价值的社群，可以退出，专注于某些社群。

（2）切勿硬性发广告：比如一下子丢出一张产品海报，或者推送二维码名片，这些都是让人反感的硬性广告。如果说你想发广告，怎么做呢？一定要记住两个字：价值。一定是在提供价值的时候，顺便发广告。比如有的人早上的时候，喜欢早起，他就发一个带有自己微信二维码的早安语录海报，或者早上分享自己的知识星球干货。这些正能量的东西，大家都不会太反感。

3.切勿只想做生意：到社群中做生意，可能是很多人的目的，但常常弄巧成拙的不是销售本身，而是销售的心态。经营人脉应先思考"做人"，金钱才会变成结果，且源源不绝。若把拉生意摆在前面，不仅做人不成，还会得罪一群人。因为每个人都懂得观察，都是成年人，有些事情是心知肚明的。

本节小结

一、进入别人的社群，你可以如何做？

进入别人的社群后，可以按照以下5个步骤来操作：（1）进群前的准备；（2）了解群规机制；（3）自我介绍、吸引潜在用户；（4）提供价值、被动引流；（5）私信沟通、建立联系。

二、经营自己的社群时，你应该如何管理？

在经营自己的社群时，我们要明确如何有效地利用群公告的位置，同时把自己的社群按照免费、低价、高价等不同层级进行有针对性的运营。

最后，我们讲了三个在社群中不能做的事情：（1）切勿长期潜水；（2）切勿硬性发广告；（3）切勿只想做生意。

03
海报文案：迅速让顾客下单的海报怎么写？

海报一般是宣传产品、用户裂变增长传播中最为重要的因素之一。一张好的海报，能迅速抓住人的眼球，吸引用户目光，把产品的特点、关键信息都显示出来，更能戳中用户的痛点，达到立马下单的效果。

海报上的核心还是文案。本节我们就来重点探讨一下，海报文案应该怎么写，一般海报文案上都会有哪些关键因素。

主标题

这是整个海报上最为重要的一点，用户看完之后能不能点进来就看这个，比如说我的一些产品海报的主标题：

我们通过海报一下子就知道这个训练营是在讲什么。海报的主标题不是随便写的，要让用户看完标题后有想要点并看看的欲望。

写主标题有哪些注意点呢？

第一不能烦琐拗口，目标精准明确，让人看起来一目了然，看完就知道你想要说什么，不需要多加思考去深挖。

第二就是海报主标题的字一定要够大够显眼，海报不比文章，海报讲究的是视觉效果，一定要让用户看到第一秒就能准确接收你的信息，但也不要过于太大，占据整个海报的一半，那就有点喧宾夺主了，过大的标题会让显得整张海报满眼都是标题，注意不到其他重点信息。

副标题

副标题主要是用于对主标题进行补充，但不一定非有不可，有很好，没有也没关系。

还是以我的课程海报为例，位于主标题下方的就是副标题。

导师介绍

　　导师介绍主要包括：导师成就名称＋导师介绍＋导师人像海报。

　　要注意了，导师介绍不要长篇大论，"我是××，我曾经服务过××，在××工作"，这种介绍一定不要有。

　　你可以把每一点浓缩简化，显得精炼明晰，比如说：

　　导师：文文

　　曾任世界500强高管

　　国家一级心理咨询师

　　帮助过上万人解决心理问题

　　类似于这样，善用数字体现导师的厉害之处。

　　导师的人像最好选用形象照，高清、专业。

　　当然不仅仅是导师人像需要清晰，所有在海报上展示的图片都需要高清，包括海报本身。

产品亮点

　　海报的作用就是帮助用户一眼看清产品的特点、亮点，有的产品比较复杂，这时候需要你把产品的亮点提炼出来展现到用户面前，告诉用户我这个产品可以为你带来什么价值。如果是课程、服务之类的虚拟产品，可以写出大纲或者罗列用户会学到的、收到的东西，比如课程里的某个很棒的点，再比如某个你赠送给用户的服务或者免费资料、礼物等等。

大家看一下上文中"爆款文案训练营"海报上面的课程亮点。

如果是实物产品，也是一个道理，你罗列出产品的优势好处、你赠送出去给予用户的好处就行。参看下面某产品的海报。

福利部分

有时候，有亮点还是不够，用户看完还是会处于犹豫阶段，这时候就需要我们加大力度。比如，给用户设置一个福利，吸引他立刻下单。类似的语言有，送你一个价值××钱的东西、有机会获得××元的超级大福利、价值××元的口红等等。

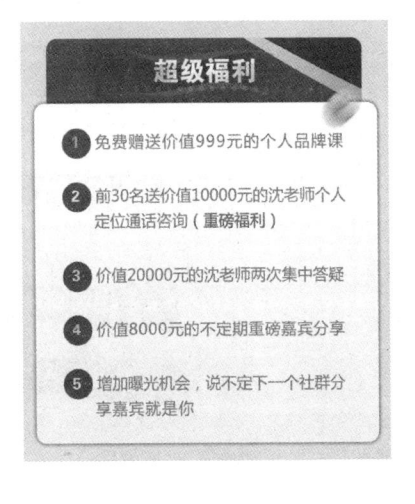

这个海报的福利部分，看着是不是很吸引人。

报名方式

当用户了解了你的产品，也对你提供的福利动了心，那么下一步紧接着就是购买了，那么如何购买呢？我们一定要把联系方式写清楚，让客户能毫不费力地找到我们。比如，一般课程的海报都会在左下角或者右下角的位置设置二维码，二维码的尺寸不用太大，清晰容易分辨即可。

二维码旁边还要做好引导报名的样式，比如做个箭头，比如写上引导报名的文案：立刻报名，先到先得！

二维码旁边最好放上价格，标注原价多少钱，限时优惠多少钱，重点突出限时优惠的价格以及限时两个字，给用户造成紧迫感。

以上就是一张海报的基本构成。

除了基础的宣传海报，有的产品还需要加上详情页，详情页一般都包含较为丰富的内容，如果你的海报是针对课程，那么一般情况下详情页包括但不限于主题、导师介绍、课程大纲、课程亮点、超级福利、报名方式，其余信息属于锦上添花。而如果你的海报是针对卖货，那么可以注意围绕产品特点、亮点，产品的细节、用途等来撰写。具体内容视具体产品而定，但一定都要围绕产品去写。

一张海报通常的组成元素就是这样，但完成海报并不是我们的终极目标，海报的目的是让用户报名，如何优化海报，完成普通海报到高转化海报的转变呢？

所以接下来我们再说几个文案的细节优化，让营销海报转化率更高。

1. 运用数字

数字可以直接带来紧迫感，制造稀缺，在心理上给用户一种压力。比如写仅限前 50 名、优惠 24 小时，明日恢复原价、优惠名额仅剩 4 名等。而且数字一定用阿拉伯数字，冲击力更加明显。这点不仅可以用在海报文案上，别的文案也适用。

2.运用时间

时间的紧迫感，会直接让用户有一种"害怕失去感"。比如说，优惠券限时有效2小时、免费咨询活动截止到××日、最后1小时急急急！时间越紧迫，给用户的感觉越紧张。这时候他可能就想，还有2小时，那我要赶紧买才行，不能错过了。

3.限制数量

越稀缺的东西用户才会越珍惜，所以你卖一个东西，一定要想办法限制数量，造成稀缺。比如这个优惠名额仅限前20名、某礼包仅限前100名可得、前500名优惠价1元。当然，一定要合理运用，把握数量，如果送个福利，仅限前5000名，但你报名人数才100个，这肯定是不行的。

4.价格游戏

价格主要就是提升或者下降，目的也是增加紧迫感。比方说优惠名额仅限前50名，报满后立刻恢复原价。再比如说每报名100人涨价50元、优惠名额仅剩10名，价格即将上涨100元。还可以学习淘宝双十一的定金玩法，比如说预售时候付10元，抵扣正式价格30元。或者你先付定金××元锁定名额，1个月内补齐尾款，我依然给你活动期间优惠价。

以上4个小细节，就是海报文案可优化的小地方。

但是，我们要知道，海报文案不是一成不变的，要根据你的产品进行具体化，比如说电商产品的文案，就不像课程类海报那样需要导师介绍，我们可以根据产品灵活变化。平时我们可以多学习优秀的海报是怎样的形式，领悟它的设计和排版。一般情况下，海报都是由专业设计师设计，但是一些简单的海报，我们也可以用简单的 App 来自行制作，但是不论你是自己通过 App 制作还是通过专业 PS 软件，还是请专业的设计师来帮你设计，但文案肯定还是要你自己把关的。

本节小结

海报文案的几个基本要素：主标题；副标题；导师介绍；产品亮点；福利部分；报名方式。

优化海报文案的细节：运用数字；运用时间；限制数量；价格游戏。

04

短视频文案：这么写，你也能吸引百万播放

随着短视频时代的到来，微信里的视频号、抖音、快手、西瓜视频，以及别的平台推出的短视频模块，都说明了短视频的爆火。短视频相比图文，更能迅速刺激用户的感官，而且表达形式轻快，用户根本不需要思考。有时候，一条带货视频，变现金额达到数百万。所以说，撰写短视频文案也是一项非常重要的能力。

短视频文案开头该如何写

首先，我们来看看短视频的开头。短视频的开头非常重要，可以称之为黄金3秒。

3秒钟，长吗？

3秒，真的不长，但现在的人已经没有了3秒的耐心。你可以想一想，你在刷短视频的时候，一条视频在前面1.2秒或者说看画面中的那个人一眼，如果他不能吸引你，你是不是就会立即划走。在用户那里，他只需要轻轻滑动手指，就能看到很多很多他想看到的画面。也就是说，如果你在前面3秒，不能吸引用户注意力，把他留下，那你后面的内容再精彩都没有用。开头这3秒的文案要怎

么写，才能留住用户？

1. 超出普通认知的问题

什么内容最能吸引人思考，而且一定会看下去？通常来说，不可能是鸡汤类的大道理，而是超乎普通用户认知的疑问。疑问，最能勾起用户的好奇心理。

比如说：

苍蝇为什么难打？

中了 1000 万之后该干什么？

诺贝尔奖奖金为什么发不完？

总而言之，这类标题一看就是普通人不了解的，可以迅速吸引用户注意力。而且，这类视频，一般是围绕一个问题，连贯性比较强，用户也会有很大可能性看完，那么这条视频的完播率就会很高。

2. 对话式，与用户有关

什么是"对话式"的写法呢？

比如说：等等，听我说完。

再比如：先别划走，你来看！

当你听到类似这样的文案，是不是感觉有个人在视频里直接与你对话，你是不是就有种暂时先不要划走，留下来看看的心理暗示。这种直接与用户"对话"，通过打破用户沉浸式的观看来达到吸引用户注意力的目的。如果再加上一个与用户有关，用户留下的概率会更大。

什么内容会和用户相关呢？这就关乎你账号的定位，受众人群，如果你的受众群体是一群宝妈，那你就讲宝妈们喜欢、关心的话题，比如孩子、婚姻。如果说你的受众是喜欢赚钱的群体，那你就尽量聊钱、赚钱的方法等等。

比如说，家里夏天新买了凉席？等等！千万不要急着睡！

再比如，什么？你还不知道这个赚钱的办法？

讲用户关心的，他自然会留下来。而对话式，更能快速拉近距离。

3. 听觉效果

短视频除了着，还有耳朵听，也就是听觉效果。对于短视频而言，音效也是一个非常重要的元素。抖音平台上那些高流量的作品，往往离不开各种流行的音乐片段，也就是所谓的网红"神曲"。比如有的背景音乐自带喜剧效果，有的背景音乐自带治愈效果，视频音乐一响起时，用户就大概知道这则短视频的风格是什么，从而能迅速进入视频氛围。音效可以找，也可以自制。这就关乎博主这个人的表现方式，声音、声调要独特，差异化。比如之前很火的网红毛毛姐，声音辨识度很高，再比如说一些治愈的博主，声音就让你听着非常舒服。只要能快速把用户带进视频氛围，那你就是成功的。

如何保证用户不会再划走

那么，当我们通过这个 3 秒办法成功留住用户之后，怎么才能保证用户不会再划走呢？

大家要知道，短视频的完播率是非常非常重要的。在一些平台的机制，就是完播率、点赞、评论越高，那你的视频才会更有可能被推给更多的人。平台虽然有大量的用户，但不是每个视频拍了之后，都会推荐给所有的用户。

他会先根据你拍的视频定位内容，推给一波喜欢这类内容的人；接着，根据这第一波用户的反馈，也就是他们对你的视频的点赞评论完播等等数据，再决定是否要推荐给更多的人。所以说，被越多的人喜欢，你的内容才会形成正向循环，数据也会越来越棒，你的粉丝也会越来越多。反之，如果第一波的人反馈就不好，系统也会认为你的内容质量差，从而不给你更多的推荐。继续说到我们如何留住用户，也就是中间的内容部分。你可以先想一想，你在刷短视频的时候，什么样的内容会更容易留住你。

1. 干货知识类

比如说，夏天有哪些让你不晒黑的绝招？然后按 1、2、3 来给大家展开。这种非常清晰的 1、2、3 的干货，逻辑性强，且内容确实对用户有帮助，那用户肯定会看完的，而大概率会收藏。

2. 钩子效应

反转、彩蛋、悬念这些都是钩子。比如说，有的视频讲某个知识，他把内容拆分为两个视频，在你听得津津有味的时候结束，并且告诉你关注点赞下期告诉你。再比如，短视频里经常出现人物身份与画面显示反差很大的内容。像一些化妆前后变美的视频。再比如，一些悬疑类的短视频，在第一个视频结尾留下钩子，让你思考，下一期揭晓。视频中部，恰恰是用户最容易划走的部分，还可以加一些反转，比如说在搞笑博主 "朱一旦的枯燥生活" 视频中，经常会出现很多转折，这些都是吸引留住用户很好的办法。

结尾引导关注

再说最后的结尾，其实在开头、中间做得好，基本用户就会到最后的结尾部分了，这时候，完播数据一定不会差。

那结尾的作用是什么呢，其实就是引导用户关注、点赞，帮助你涨粉的。我们可以在结尾的时候，说一些引导用户关注的语句，比如说：点点小爱心，下期告诉你××。再比如，可以加一句有个性的标签语句，给用户增加印象。像 "朱一旦的枯燥生活" 最后经常有一句，有钱人的生活，就是这么朴实无华，且枯燥。我的一些视频也会有一句：关注我，让你少走弯路多赚钱。这就是在给用户加深印象，让他记住你以及你的定位。

附加项：精进你的个人简介

除了开头结尾，还有一个很重要的点，就是你的个人简介。

昵称我们这里就不用多说了，之前都讲过了。我建议你最好全网的昵称都统一，更加有利于你做个人品牌，粉丝互相流动。

个人简介上，可以从以下几个角度去写：

（1）你的成就事件，让人看到你闪光点的部分。

（2）自己特有的金句，提升自己的独特性，让用户记住你。

（3）简介＋定位，直接说明你的账号是做啥的，比如：读书感悟、诗句分享、金句分享。

总之，这就是为了加深用户对你的定位印象。

有人会觉得短视频已经不再是风口，但其实里面玩法依旧很多，像直播、全平台吸粉到私域流量成交等等。

一定要记住，即使是风口的最后，那一点小红利对普通人来说都足够了。

本节小结

我们主要讲解了短视频三个重要部分：开头、中间、结尾。

开头的黄金3秒最为重要，可以从超出普通认知的问题、对话式、与用户有关、听觉三个方面着手去写。

中间以及结尾要懂得放钩子，留住用户、引导关注。

最后就是关于个人简介的写法，我们也讲了三个角度。

05

朋友圈文案：6 大高效模板，不刷屏也能成交

有的同学可能会问，朋友圈文案该如何写呢？如何通过朋友圈卖出产品？

我们主要把这部分的文案分为三大环节，销售前、销售中、销售后。在销售前，你要让用户知道你是对于你的产品有了一定的了解，且已经做好了准备。销售中，让用户知道你产品的好，有哪些福利、服务，促进用户消费的冲动。销售后，首先我们要做好跟踪服务，随时了解用户的问题、他们的感受体验。其次，我们要学会充分晒单、展示自己，影响那些还未下单在犹豫的朋友。

先看两张图：

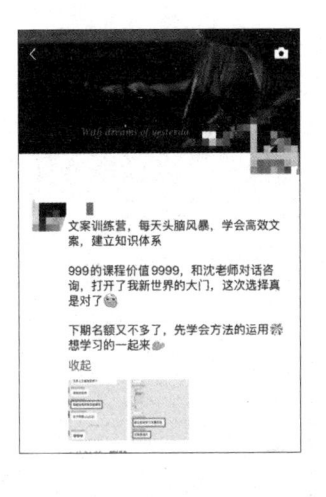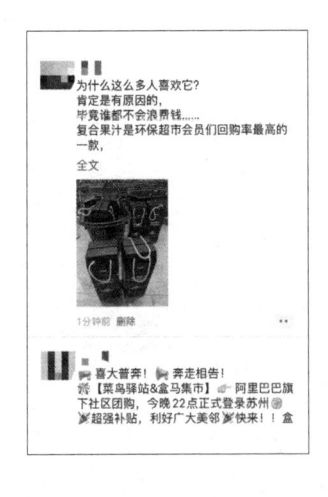

不妨思考一下，你会选择在怎样措辞的朋友那里下单？

（1）自己用过觉得好用，写出真实体验的朋友。

（2）直接复制粘贴文案到朋友圈的人。

我想绝大部分人都会选择第一种对吧？毕竟大家都不会喜欢一个只会复制粘贴的机器人。销售的本质，其实是在卖你自己，是在以个人信任为背书。

那么，文案撰写有公式吗？下面就给大家介绍6个简单可操作的公式，大家可以套用在自己学习的课程和使用过的产品上进行练习。

产品提示 + 产品特点 + 引导下单

举例：

很多人问我，写作怎么写，互联网写作有没有什么套路方法？我在3月份参加的这个写作训练营，课程内容很棒，干货超级多，里面有完整的一套写作体系，而且助教服务很贴心。不知道能不能帮助到有需要写作的朋友，如果大家需要的话，可以联系我，我给你内部推荐名额，或者直接扫码报名。

配图：写作海报 + 之前助教或者群内辅导截图（体现产品的特点）。

在开头部分，用"很多人问我"暗示"课程市场广阔""课程内容不错"。中间写"我在3月参加"主要是为了说明"我参加过这个课程，我体验过，我的推荐不随便"，接着又说了自己的体验，侧面表达这个课程产品的特点，帮助用户了解。最后写"不知道能不能帮助有需要学习写作的朋友"，这就是在利他的角度来写，我是帮助有需要的朋友的，我是帮你解决问题的。最后的最后，引导下单，"我这是内部名额"，暗示这里可以提供优惠。是不是看起来不生硬还带有营销作用？

产品体验公式：我用过 + 体验感受 + 产品展示

这个文案适用于大家在上训练营期间的时候，发朋友圈。
举例：

第一周 Day6
今天老师针对写作素材，分享了几个实用方法，学完之后马上自己就去试了试，很快搜集了一篇文章的素材。

老师还说，我们要备好自己的素材库，这样才不至于在写文章的时候，手忙脚乱。真是说到我的痛点了，平时我不注意搜集素材，搭建素材库，学完课程之后，今天就要开始搭建自己素材库了。

听了老师的课程，又对写作多了一个更深的认知。

今天一天过得有点累，但很充实，不说了，我要去搭建素材库了。

配图：训练营或者课程期间学习的截图、打卡海报、作业截图。
这么做的好处是什么呢？
一方面记录自己学习的一个经历过程，一方面树立自己一个好学的正面形象。这样一整个训练营结束后，再去分销推销课程是比较容易的。朋友圈的好友是看着你一路成长的，知道你每天学习学到很多知识，自然就会增加说服力。

推荐公式：我用过 + 我的收获 + 适合人群 + 购买理由

这也是个万能模板。

很多同学没有自己的产品，这样虽然不方便自行变现，但其实你可以去分销别人的产品。比如，很多课程都设有分销奖励，如果一个课程设置的分销奖励是 25%，那么每成交 1000 元就可以赚 250 元。

所以说，我们每个人都可以寻找合适自己的赚钱方式。有产品，就想办法卖自己的东西，没有产品那你就想办法去卖别人的东西。

回到我们这个模板公式上来，这个公式适合所有人，没产品也可以用它套用你学过的课或者使用过的东西。

比如：

我用过——你学习过的课程或者产品。

我的收获——你在学习过程或者学完之后的收获，得到哪些改变，受到哪些启发。

适合人群——这个产品适合什么样的人，把这类人描述出来，会让用户之间对号入座。

购买理由——一般来说可以用这个课程即将涨价、优惠名额前 100 名，仅剩 10 个优惠名额之类的话语，来增加紧迫感。

举例：

加入沈老师的训练营两周了，课程都是非常落地实操的干货。

在训练营期间，我学到了以下内容：构建了写作的底层思维逻辑，掌握了写作的 8 种文章框架，学习了 7 种写作变现途径，从一个完全没写过的小白，进步到能写出 3000 字长文，现在给孩子辅导作文都觉得容易了很多。

每天的课程我都会早起去听、学习，并且都会把知识点运用起来，真的觉得收获很多。课程内容包括作业安排、加餐分享都非常适合零基础的需要学习写作的小白，对于我们这种想写却无从下手的人来说，真的太合适了。

再次推荐给朋友圈的小伙伴们，如果你也需要学习写作，可以试试沈老师的 21 天零基础写作训练营，有什么想要了解的也可以联系我，优惠名额仅限前 100 名，错过就太可惜了，现在报名还赠送价值 199 元的热卖好课。

配图：课程报名海报、详情页。

大家可以看到这篇文案写得很有真情实意。这是之前一位学员的朋友圈文案，不过当时忘记截图了，凭借记忆写了出来。

我们可以对照着公式分析一下这个例子：

我用过——加入两周了。

我的收获——学到了以下内容……

适合人群——零基础的需要学习写作的小白、想写却无从下手的人。

购买理由——优惠名额仅限前 100 名、赠送价值 199 元的热卖好课。

总体来说，是一篇让用户看着都不会反感的朋友圈营销文案。

痛点梳理 + 制造爽点 + 提供爆点 + 引导行动

一般情况下，按照这个公式写出来的，通常是稍微偏硬的营销文案。

第一步，梳理痛点：用户是人，要和用户拉近距离，我们要在聊天的过程中触及用户的痛点，因此最好在文案中就对用户的痛点能有所梳理。其实很多用户自己都不知道自己的痛点，他意识不到，你帮他梳理出来，也是为了刺激他付费。

第二步，制造爽点：什么叫爽点？爽点就是指给他的一个好处、优惠，帮他把爽点罗列出来。

第三步，提供爆点：爆点主要是为了刺激用户。让他看完之后感慨，哇，原来问题可以这样解决，原来我可以达到那样的一个状态。

经历了这三步之后，用户大概率会很心动的，但是心动是不够的，只要没有付费，就不算成交。所以还有最后一步，要引导行动。

举例：

你是不是赚钱太难，你是不是线上、线下没有业绩，成交转化太低；做知识付费导师太不专业，以为开课了就是导师；做微商代理、机构团队长没有影响力，业绩完不成，天天发朋友圈就是没有成交？

做销售没有精准客户，没有流量，没有个人定位，没有产品，不知道做什么副业？让沈老师来帮你。

目前沈老师金牌导师赚钱实战训练营，优惠名额不多了，希望你能掌握线上赚钱的方法，少走弯路。

另外，先抢到名额的同学都送沈老师一对一个人发展咨询，平时约都约不到，这次太超值了

马上联系沈老师抢占优惠名额！

配图：课程报名海报、详情大纲、福利。

我们可以对照着例子和公式对这段内容进行分析：

梳理痛点：你是不是赚钱太难，你是不是线上、线下没有业绩，成交转化太低……

制造爽点：一对一发展咨询。

提供爆点：沈老师帮你、金牌导师赚钱实战营。

引导行动：马上联系沈老师抢占优惠名额！

不过这种表达会相对生硬，因此不建议在分销别人的课程时采取这个办法，不过如果你自己有产品的话，可以这样进行宣传。

钻石模板：吸引注意——激发兴趣——刺激欲望——引导购买

钻石模板的重点就在于，先用某个点或者某句话吸引用户的注意，当用户的注意力被引起之后，他才会继续看下去。这时再通过用户感兴趣的点，留住他。进而，激发他的欲望（想要改变或者购买），最后一步引导成交，因为下单才是我们的最终目的。

我们直接举例子分析：

天哪！一个星期赚了5位数！

在体制内上班了将近10年，工资还是那么点，想要变有钱也太难了！

近几年，我接触互联网，在线上打造个人IP，接触大咖，跟在大咖老师后面学习，这次，报名参加了老师的课程，没想到才短短一个星期，就成功变现了5位数，没想到像我这样的普通人也有机会实现收入爆发式增长。

如果你也是不甘心当下现状，如果你也是想要实现收入增长，抓紧时间联系我，我这里有老学员内部优惠价，名额不多，先到先得。

这条文案，也是采用的"钻石模板：吸引注意——激发兴趣——刺激欲望——引导购买"的方式。

吸引注意：天哪！一个星期赚了5位数！用户内心想法：什么玩意一个月赚这么多？

激发兴趣：在体制内上班了将近10年，工资还是那么点，想要变有钱也太难了！同时，也是引起共鸣，对于普通人来说，收入增长确实很难。

刺激欲望：如果你也是不甘心当下现状，如果你也是想要实现收入增长。

引导购买：抓紧时间联系我，我这里有老学员内部优惠价，名额不多，先到先得。

你把这个模板套用在产品里面也是，比如说护肤品、减肥产品等等都适用。

80%的生活 + 20%的售卖 + 成长感悟

这类模板主要描述日常生活、衣食住行、吃喝玩乐，让朋友圈更加生动形象，更具有人情味，更好的拉近于读者之间的距离，营销性质也不会太重。

让别人羡慕你的生活状态，但是不露出是实现目前状态的方法，由于人的心理，就会不断地想知道结果。天然的激发起人们的好奇心，想要去了解你，想要去买你使用过东西，让自己也达到这样的状态。

比如你是卖减肥产品的，可以这么写：

任何减肥，都是一场持久战，在20多天里，每天瘦一点点，你就会比别人领先一点点，比你的闺蜜苗条一点点，一天看不出来，几个月下来，差距就是这么拉大的。美好的事物乘以时间，威力很大。

最后配上自己日常生活的照片，这种简单的操作只要产品合适完全可以套用。

前边我们说的分别是销售前、销售中可能应用的几个公式，那么成交后，我们应该怎么办呢？销售后我们更要学会展示自己。这个时候就不需要用什么固有的公式去套了，我们可以活用自己的语气、风格。

比如，感谢××的信任，看了我的朋友圈第一时间就报名了，一定不会让你失望（下方再附上一个朋友付费的截图、聊天报名的截图）。

其实，不管是做怎样的推荐，准备推什么产品，用自己说话的口吻表达，再加上一些营销思维，你会慢慢发现这当中的相通之处。不过虽然我们把握了公式，但是想要突破还是要重点实践才行。

本节小结

朋友圈公式：

1.产品提示＋产品特点＋引导下单。

2.产品体验公式：我用过＋体验感受＋产品展示。

3.推荐公式：我用过＋我的收获＋适合人群＋购买理由。

4.痛点梳理＋制造爽点＋提供爆点＋引导行动。

5.钻石模板：吸引注意——激发兴趣——刺激欲望——引导购买。

6.80％的生活＋20％的售卖＋成长感悟。

06
软文文案：简单4步，
你的文案也可以价值百万

除了容易上手的短文，有时候我们还要处理商业文案。比如我们经常能看到的登载在微信公众号里的文章。很多人会写文案，但不一定会写商业文案。商业文案的套路很多，从风格到语感，正文行文逻辑、标题、结尾等等，都有着各种技巧。那么，如何才能通过商业软文，达到更高的转化、成交呢？

我之前在写商业软文的时候，其实根本没有所谓的套路，我是自己写着写着，然后再总结出一些套路，所以很多都是我的实践经历。总共分为以下4步：

第一步：标题

标题很重要，标题的好坏，决定多少人会打开你的文章。想要让更多的人打开你的文章，就要学会做好标题。然而，做好标题并不是说让你为了吸人眼球不惜一切代价，瞎写一些和文章内容无关的标题。

那什么样的标题才能算是好的标题呢？

好的标题，一般都有这四个因素:（1）引发读者强烈的共鸣；（2）激发读者了解欲望；（3）突出矛盾、颠覆认知；（4）蹭知名品牌、人物事件的热点。一般情况下，能占以上一两点的就可以算一个好标题了。

比如：《年轻人搞副业有多野》《月薪3000，买了3套房》《推荐一个最适合女生的冷门逆天副业：600—800元／天》，利用人对金钱的渴望；《景甜新剧火了！旗袍造型绝了！》，蹭明星热点；《直降1000元！这款厨房神器1分钟搞定美食，营养又好吃！》，直截了当，直降1000元，抓住人贪便宜心理，1分钟搞定，又抓住人想要走捷径的心理。

一篇好文案，一定要配一个好标题。好的标题也需要大量地练习，我们要慢慢找感觉，在实践中磨合。

第二步：正文逻辑

正文中最重要的就是开头的切入点，而且在写文案之前你一定要自己罗列好框架，按照框架进行填充。

切入点最为重要，一般可以分为以下3种：

1. 以自己经历观点为切入点，文章维持一贯风格

当我们在看一些文章的时候，常常会发现文章结尾插入了一段让人猝不及防的广告。一般情况下，如果内容连接流畅，粉丝对广告的接受度也会比较高。如果你本身有一定的粉丝量的话，那么还

会有别人主动来找你合作。

具体的文章内容可以关注我的同名公众号"沈小星"，我的公众号菜单栏里有我用自己的经历写的文案。

2. 以热点事件为切入点

这就是在傍大款、蹭热点，用户往往对于这种有热点性、八卦性质的内容更加感兴趣。不同的热点是可以从不同角度切入不同的主题的内容。比如某个明星离婚事件，切入女性要独立自主，再到赚钱，再到产品，中间也可以穿插案例。再比如王力宏做线上课程这个事情，可以说明线上发展的趋势，再切入制作线上网课的广告。这样是不是就非常顺畅。

3. 直接从产品切入

这种就是属于硬性广告，比较生硬，没有铺垫，直接开始介绍产品，引导付费报名。这种情形某种程度上会损害粉丝的感情。

这些都是作为文章的切入点，切入之后，就可以按照不同切入点，进行文案撰写。

在正文部分，一般需要包括这么几个重要部分：

产品介绍：包含产品的特点、适合人群、价格、福利，联系方式等。

导师介绍：属于个人讲师广告的内容，需要加上讲师的介绍。

报名方式：是二维码报名还是链接报名或者支付宝微信扫码报名，报名之后联系谁，这些都要标注清楚。

产品海报：包括小海报、详情海报、产品的细节海报。

学员案例：有案例才能促进报名欲望。

第三步：结尾引导

结尾引导其实就是引导用户报名，说明现在提供的福利。引导报名需要一层层递进，比如先放出二维码，再放案例证言，再放福利环节，最后再次引导报名。

在引导报名的时候，可以说立即扫码报名。听起来很简单的几个字，其中"立即"暗示用户现在、马上、立刻报名，不要拖沓。扫码，暗示用户做扫码这个行为，也是一种心理暗示。

第四步：正文排版、配图

除了文字内容，对于软文最重要的还有排版配图。只有看着舒服、重点突出，用户才会有欲望看下去，才会有下单的可能性。配图在什么地方、配什么样的图都很重要。

（1）一般文章有这几种类型的图片。

产品海报：产品海报非常重要，在这里我们要注意的是，产品海报一定要内容详细，不要漏放。因为很多人只看图片不看文字的。

（2）插图：插图主要是为了缓解一下大家看文章时的枯燥感，插图并不需要放太多，在前面叙述部分，一段放1—2张图片即可。最好是图文尽量相关的内容，比如说你谈到钱，那就放一张钱。比如在说到某个案例，主角是女性，因为创业失败处于低谷，那就可以放一张一位女性失意的图片。这样用户在看的时候，也会被图片渲染情绪，自动代入其中。

（3）报名二维码：在这里我们尤其要关注二维码放置的位置，比如你在某部分文字说立即扫描下方二维码报名，这时候下面就可以插入一张二维码。而且一篇推文里，千万不要只放一次二维码，要放3次左右甚至更多。因为文章很长，大家可能看着看着就忘记报名了，这时候你要提醒他报名。

（4）个人图片：即你的一些生活照，反映你变化历程的图片。很多IP在发自己广告时候，从自己角度切入的话，一定会放自己的照片，进行前后对比，让你相信逆袭的故事，从而增加真实性。当然如果你不是从个人角度写经历故事，可以不需要这部分。这四点可以帮助我们学习撰写商业软文，但是重点还是大家在具体的实践中活学活用。

本节小结

写商业软文的4个步骤：第一步，标题；第二步，正文逻辑；第三步，结尾引导；第四步，正文排版、配图。

正文部分有3个切入点：以自己经历观点为切入点、以热点事件为切入点、直接从产品切入。

可以应用在正文中的插图：产品海报、插图、报名二维码、个人图片。

07
广告文案、电商文案这样写，
收钱收到手抽筋

　　文案的最终目的是卖货，无论你是卖面膜还是口红，最终都要用文案来落地；无论你有多少粉丝，你的产品包装多么漂亮，如果没有好的文案转化，那么一切都是徒劳。如果你有好产品却不广而告之，不做宣传介绍，那么大家又怎么知道呢？同样的商品，好的文案和差的文案，它的转化率可能相差几倍。我们不妨来思考一下以下几个问题：

　　1.公众号广告文案和传统广告的区别在哪里？

　　2.广告文案的写作步骤是哪些？

　　3.写广告文案有哪些注意事项？

公众号广告文案和传统广告的区别

　　公众号上的广告跟电视、报纸、路牌等传统广告的不同在于，公众号上的广告通常需要马上出现转化。比如说，别人在我们的公众号投广告，假设一条广告费是1万元，他的产品单价是200元，那么要卖出500单他才能保本。所以，广告文案有没有吸引力，直接关系到转化率。科学的广告都是以销售为目的的，只不过这个转化，可能是短期有效的，也可能是中长期有效的，一般情况下，我们讨论的公众号的广告文案，更多的是要求短期立即见效。

广告文案的写作步骤

第一步，我们要先了解产品。用文案推广产品，重点在产品身上。产品是核心，想要把产品卖出去，首先要把产品的亮点找出。每一个产品都有它的价值，有它的亮点。举一个不文雅的例子，即使是一坨粪便，对于农民伯伯来说，这是农家肥，是农作物天然的营养。也就是说，我们每个人对客观存在的产品，主观感受是不一样的，你眼中的一坨粪便，可能是别人眼中的有机肥。所以，写广告文案要先"识货"才能"卖货"。

第二步，确定标题。广告、电商的文案我们追求的是转化率，而不仅仅是点击率，我们需要精准的潜在用户去点开我们的广告文案。所以，在取广告文案标题的时候，我们要额外注意标题与商品要有相关性。为了保障用户的精准性，广告电商文案的标题中最好带有商品的标签。比如说，如果你卖的是公众号的课程，那你最好就要在标题中提到公众号、新媒体等等这样的关键词。为什么我们要做这样的强调呢？道理很简单，如果用户看不出来这篇文章跟公众号有关系，就会造成很多公众号从业者，可能根本不会打开这篇文章，因为他们没有看到你这篇文章是跟自己有关，对自己有用的。那么阅读你文章的人就不会很精准，这就会导致你的文章转化率低。

第三步，文案开头。不管是普通文案还是广告电商文案的开头，都非常重要。我们的开头要吸引用户、说服用户继续往下看，而不是用户点开之后就关掉了。

一般，我们有不同的技巧来构建开头。

技巧一，戳中痛点。比如说，海飞丝的广告主打的就是去屑，那么广告一上来就可以展示有头屑的烦恼，在公开场合的尴尬等，这样的话就会一下子戳中有这类问题的用户，那么用户就会有继续往下看，或者说购买的欲望。在使用这种方法时，需要有明确的用户画像，之后可以再针对用户在生活中的切实痛点，说明产品如何解决问题。

技巧二，引导向往。比如说，飘柔的广告主打的是头发的柔顺，那它的广告就展示了一头人人都向往的秀发，充满自信，这就会给人一种幻想，是不是自己用了这个产品以后，也能有这样的效果。

技巧三，连续提问。很多的课程文案都喜欢用"你有没有过……"这样的格式作为开头。比如说，你要推销一个说话技巧的课程，你的开头就可以这样写。

你有没有过这样的体验：

同样是员工，别人升职加薪，自己迟迟没有起色。

同样是销售，别人不费吹灰之力就拿到大单，自己磨破嘴皮还是被拒绝。

同样是恋爱，别人颜值一般，但总能和优秀的人在一起，自己长相不差，却恋爱屡屡失败。

一上来就向用户发问，而且是一下子提出一系列的问题，总有一条是能击中用户的。

技巧四，问卷调查。如，"罗辑思维"在销售《经济学通识》时，做了这样的问卷：

1. 高峰期打车难的根本原因是出租车不够

2. 要减少失业，就必须创造更多的职位

……

15. 大部分人在大部分时间里是正确的。

如果你认同这些观点——抱歉，以上都是错的。强烈建议你阅读这本书。

我们可以通过问卷问题，激发读者好奇心，展示产品的效果。

第四步，文案主体。那么文案的主体可以些什么呢？

（1）讲故事。我们可以通过讲述一个感人至深的故事，再让用户深深地沉浸在感动之中，在此刺激之下，做出购买的决策。这里我们可以写品牌的故事、创始人的故事、自己的故事、朋友的故事甚至是明星的故事等等都可以。

（2）描述产品。我们写广告电商文案的目的，就是为了引导购买，所以在文案当中一定要有产品的描述。这里要注意，我们在描述卖点的时候，每个卖点搭配至少一张图片。每个人的文字功底不同，读者对文字的感受能力也不同，如果用文字罗列多个卖点，很容易导致读者忽略某些重要卖点，所以，为了保证卖点的理解效果，每个卖点搭配至少一张图片。当然，也可以根据情况使用 GIF

图或视频。因为有的时候静态的图片无法形象地展示某些卖点，所以，需要根据情况使用 GIF 动图或视频，提高展示效果。

（3）用户评价。我们可以在文案中列出之前使用过的用户的评价截图，类似于淘宝的卖家秀，这样用户更容易被说服。此外，我们还可以通过列举产品的特殊功效，让读者真切地体会到产品的优点。

第五步，引导购买。用户看文章到结尾，会对产品的卖点逐渐麻木疲惫，这个时候，我们就需要提供一个意外的惊喜，如减价、赠品等，来有效的刺激用户购买欲望。

撰写广告文案的注意事项

（1）尽量使用短句。我们在写广告文案的时候，尽量使用短句。使用短句的好处是，可以让文字形成层次感，同时让用户的认知更直接。

比如在描述苹果的时候，不要简单描述成："这是一个脆爽可口、红润有光泽、吃一口就停不下来的苹果。"而是应该仔细反思一下这个苹果的特点，这个苹果有什么特点？"一、脆爽可口；二、红润有光泽；三、吃一口就停不下来。"

把一个陈述句变成几个短句之后呢，用户就非常容易抓住重点，而且方面记忆。

（2）少用行业内的专有名词。如果你产品无法避免地需要提及许多专有名词，那记得要解释这些专有名词代表的意义，并且利用举例方式来解说。比如，我们新媒体行业中有一个专业术语：

CPC。很多人可能就不理解CPC是什么意思，你就要解释一下：CPC的意思是每次点击成本，就好像你发传单一样，点一次就发出去一张，每一张传单要0.2元，如果没人拿传单，我们就不收你钱。

（3）避免使用过多空洞的形容词。很多人在写文案的时候会使用高级的、美丽的、时尚的、方便的等等这类形容词。但其实每个人对这类形容词的感受是不一样的，我们可以把这类形容词转换成可以理解的、数据化的词语来表达。比如，我们可以把"专业的团队"修改成"10年经验的团队、做过××大案子的团队、得过××奖的团队"。你传达的感受越具体，消费者就越能了解你产品的好。

本节小结

第一，公众号文案广告和传统广告的区别是什么？

公众号的文案广告需要短期见效，而传统的广告是长期见效或者是中长期见效的。

第二，广告文案的5个写作步骤：第一步，了解产品；第二步，确定标题；第三步，确定文案开头；第四步，确定文案内容；第五步，引导购买。

第三，写广告文案的3个注意事项：注意事项一，尽量使用短句；注意事项二，少用行业内的专有名词；注意事项三，避免使用过多空洞的形容词。

08
走心文案：玩转用户心理，快速建立信任基础

文案是为了成交，而成交最重要的前提是信任。想要快速成交，获得高转化，那就必须懂得人性，懂得把文案写到用户心里去，让他们没有理由拒绝你。

接下来我们就说一说如何把握用户心理，达到成交。

懒惰心理

懒惰是人类的天性。扫地机器人、全自动洗衣机、洗碗机、炒菜机这些发明，都是针对这一点。所以我们在进行营销写文案的时候，更要充分利用这点。比如说将打 75 折的说法换成买二送一，其实本质是一样的，但听起来买 2 送一就是比打 75 折划算，而且你说 75 折，用户还需要拿出计算器算。再比如，你的产品推销出去，有的用户很感兴趣，但是他有顾虑，他想看看其他买过的人怎么说。如果是电商平台，有购买者的评价还好一点，但是如果你应用的平台没有评价这个功能，用户就找不到了。找不到评价他可能就想算了，那我找找有评价的吧，这样你就错过了一个顾客。

我们可以在发朋友圈的时候，把曾经买过的用户评价发出来，

里面重点的句子框出来。

在制作产品图详情时候，也可以把用户的评价放上去，这样就会一目了然。

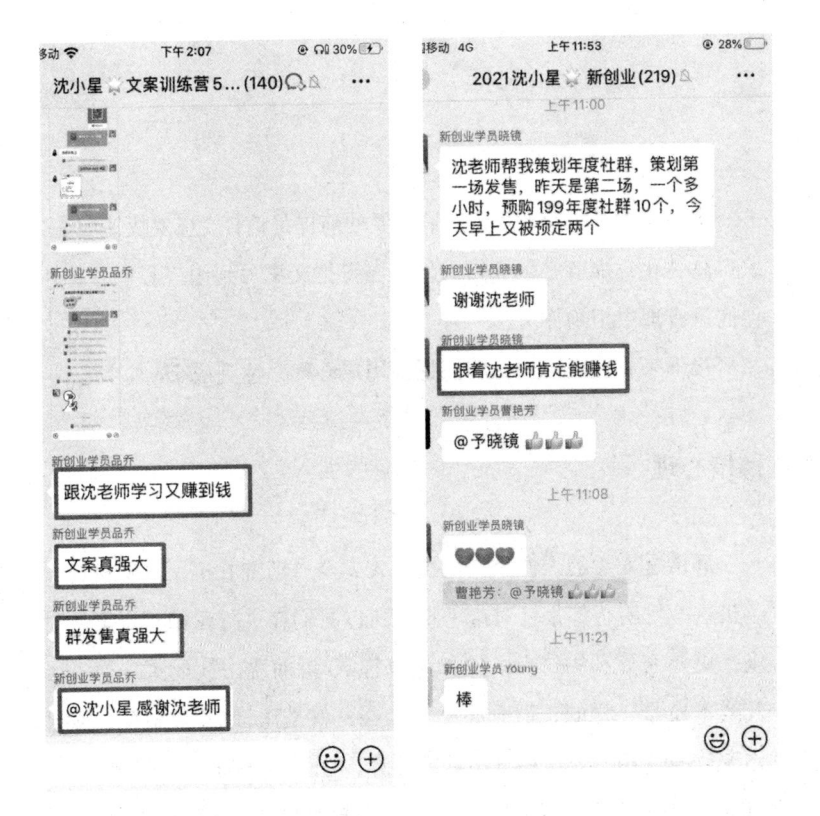

除此之外，还有我们之前提到的，你说打 × × 折没用，你得说立省多少钱。

直观、清晰、用户不需要算账。这就是在满足用户的懒惰心理。

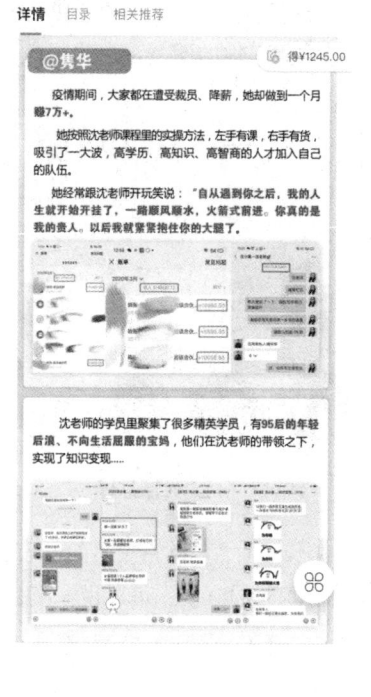

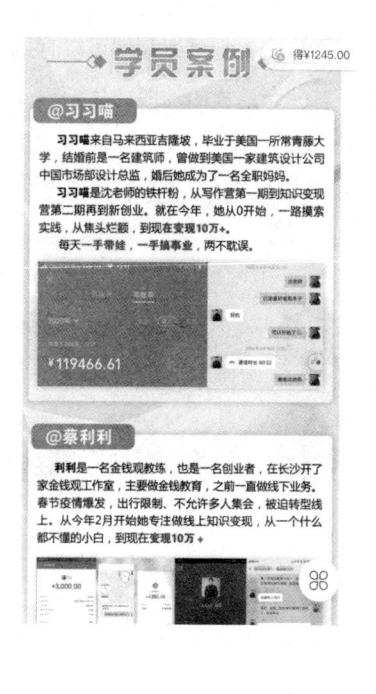

从众心理

以前有过一个小故事，一个人抬头看天空，旁边人看他抬头，便也抬头，后面越来越多的人都抬头。实际上第一个抬头的人只是颈椎不舒服，其他人呢，是出于从众心理。从众心理，指个人受到外界人群行为的影响，而在自己的知觉、判断、认识上表现出符合于公众舆论或多数人的行为方式，据试验表明只有很少的人保持了独立性，没有从众，所以从众心理是大部分个体普遍存在的心理现象。

这个心理其实我们可以直接利用。比如，在一些广告推文底部，会有一张这样的动图，显示××人已购买，你的朋友正在购买。

目前1000+人已订阅，优惠仅剩121份

很多时候，我们都会被这个信息影响，你一看这么多人都买了，那我也买了试试吧。再比如，你和用户聊天的时候，可以说：哎，上次和您一起来的王姐就拿了这个，您要不也试试吧。大部分人听了后都会说，她也拿了这个啊，嗯，那我也试试吧。其实我们平时听的一些广告语，都是有这种暗示的成分在，比如香飘飘一年卖出3亿多杯，可绕地球2圈。加多宝，全国销量遥遥领先，配方正宗，当然更多人喝。用户一听，天哪，这么多人都在喝，那我也买一个吧。包括网上经常出现××抢购潮，很多时候并不是真正热卖的情景，而是商家做出来的营销效果，利用从众心理，就是为了引导大家购买。

恐惧心理

恐惧即痛点，痛点有大有小，越是能击中用户，用户分享的欲望就越强。比如：怕上火喝王老吉，利用人们害怕吃辣东西上火的恐惧心理；清新口气绿箭口香糖，是人们担心吃过东西，嘴巴里面有味道失礼于人前的恐惧；有头屑用海飞丝，利用的人们害怕洗头不干净的心理。这些传播甚广的广告词，正好击中了用户的痛点。

但知道害怕、恐惧还远远不够的，这时需要有人告诉他假如你不做这件事，会发生什么样的恶果。才能唤醒用户的"警惕"，让用户有动力去改变。职业发展遇到瓶颈，不知后面该怎么做好。这种焦虑情绪越来越大，就会上升到"恐惧"心理。比如：迟到次数多了，害怕会被开除；长期没买到房，害怕会被另一半抛弃。你不努力，那你的下一代在起跑线上就落后于人。后果越严重，付出行动的可能性就越大。

利他心理

有时候，很多人就是舍不得买东西。产品本身没问题，服务也到位，更不是没钱，但最后就是没成交。因为在他们看来，花钱是一种罪恶，会让他有负罪感。比如很多人在双 11 后都会感慨自己怎么花这么多钱，买了这么多东西。其实这是因为很多人就是在这种"节俭、节约"思维的主导下，舍不得花钱。然而，大家也知道适度消费是正确的。所以我们在写文案的时候也可以思考。

我们站在销售的角度，你现在写文案，就是要把东西卖出去。

所以，要如何消除消费者的这种害怕花钱的心理？

再和大家说个例子，在生活中，我们的父母一般都不太舍得花钱，但是在对于你的教育，他们应该从来没有舍不得吧？同样的，你舍不得给自己花钱，但只要说给父母买什么东西，基本都会直接买，是不是？这就是利他心理。

给自己爱的人买东西，只要在自己能力范围内，就一个字：买！

即使你知道可能买了没啥用，但是想想老人家开心，也倾向认为这是一种心理安慰？有时候想想千金难买一高兴，花钱就变得有意义。因此，在写文案的时候，如果我们从给父母、子女买这个角度切入，会大大提高成交率。

担忧心理

经过前面层层铺垫后，我们终于来到付费环节。不要高兴太早，这临门一脚，也常常有很多意外。用户或多或少还是会有些顾虑、担心的。这时候你就要把这些顾虑担忧消除。

比如说钻戒，其实钻戒不值钱，也不保值，但商家给它赋予了"爱"的含义，告诉你，买了就是一份爱的记忆。再比如，某个奢侈品，除了品牌溢价，并不值钱，但这时候销售说，你这不是消费，你是在投资。你一想，是啊，投资啊，又不是消费，买吧。

还有一些额外的东西，可能不是什么必需品，但只要你描绘一下用户用了之后，会产生怎样的效果，是不是就立马不一样了。比如××减肥产品，买的时候好贵啊，用户在犹豫，这时候你说这个产品能够让你在夏日毫无顾虑穿上比基尼，成为朋友圈最靓的人。那很多人可能就忍不住付费了。谁会不愿意为了美好的未来付费呢？

除了这些心理思维上顾虑，还有用户会对价格、质量担忧，这种就很简单，你对症下药。价格贵，如果有优惠福利就讲出、质量担忧，你就说自己这个质量如何，有什么权威标志，再用多少人买过这种数据，增加他的信任度。

以上就是我们讲的5种用户心理，掌握用户心理，达到成交。

本节小结

把握5种用户心理对症下药，达成成交：

1. 懒惰心理

2. 从众心理

3. 恐惧心理

4. 利他心理

5. 担忧心理

Part 4

拒绝无效努力:
轻松搞定客户的成交心法

01
获得信任：打造高分形象，建立信任基础

信任，是决定我们能否达成成交的重要前提。如果客户不信任我们，那势必影响我们的成交率，同时我们还很有可能会受到对方的抵触。

我们不妨回想一下，自己在买东西的时候是不是经常会出现这样的想法："这个东西是不是真的那么好？""这么便宜，不会是骗人的吧。""就算不是假的，那是不是以次充好？""是不是假冒伪劣？"这就是信任顾虑。那么应该如何消除用户的信任顾虑？

在本节中，我将给大家分享5种消除用户顾虑，有效提升用户信任度的方法。

权威认证

如何证明自己的产品质量好，让用户可以放心购买呢？如果自己的说服力不够，那么就可以去找其他人站台。

首先，我们可以邀请名人站台。名人因为他们自身的影响力，往往让大家更愿意去信服。在这里要提醒大家注意的是，利用名人为自己产品进行信任背书时，要注意人物和产品的匹配度。需要了

解这些权威者能影响什么群体，这部分群体是不是和我们的目标用户相符。除了人之外，我们还可以用知名企业、专业媒体报道、机构检测、原料分析等途径为自己的产品站台。比如，现在很多化妆品会发出产品的成分表，并说明这些成分的使用目的和副作用。这会使用户更加信服产品的功效。

总之，人们会将"权威背书"所拥有的熟悉感、信任感，自动折射到你的产品与服务中去，以此建立起自身形象"可靠"的认知。

客户证言

有的时候，比起产品的宣传，人们更愿意相信购买过的人的评价。

你可以回想一下自己购物的场景，是不是打开淘宝 App，输入你想要的购买产品的类别名称或关键字，你会选择部分店铺进入查看，然后你会浏览产品的详情页，接着你会去看看产品的评价。所以，我们在成交的过程中，可以晒一些好评，刺激客户下单。

举个例子，如果你是做面膜生意的，你的一个用户之前买过很多的面膜，都会出现过敏的现象，但是用了从你那边购买的面膜，从来没有出现过敏的现象。这种情况下你可以晒一下用户的反馈，侧面验证产品的功效。

再举个例子，我有很多的课程，比如知识变现课、视频号课程等。很多学员在学习完课程之后都会给我反馈。有的同学通过知识变现第一个月就赚到钱了，有的同学通过视频号接到了广告等等，这些都是非常好的反馈，我们要记得及时保留，以便未来派上用场。

数字证明

相信很多人都有这样的体验。你在逛淘宝的时候，不知道应该选哪家店铺的商品，会选择销量高的，因为觉得购买的人很多，应该也差不到哪里去；看到街边的水果很便宜，想买却有点担心质量问题，但是看到好多人都买了，于是自己也买了。

人在不确定性中，最容易追随他人的行为，尤其是多数人的行为。而这个时候，多数者就成了一种信任背书的方式。如果你的产品在销量、人气等方面有优势，不妨用来作为自己的产品做信任背书，打消用户对产品的信任顾虑。

但是如果你的产品是新出的，在总的销量上并没有优势怎么办呢？这个时候我们可以强调"卖得快"。譬如：1小时售出多少件，几小时售罄，等等。这样也能从侧面说明自己的产品卖得好，一下子就没有了。

试验证明

很多客户会怀疑产品描述的真实性，这个时候我们可以提供一些试验证明，来说明产品描述是真实的。毕竟"光说不练假把式"，再好的宣传和介绍不如直接看效果更让人信服。所以我们可以制造一些试验场景来凸显产品的使用效果，传递一种"内容真实"的刺激点，获得用户的信任。比如，你卖的是手机防水袋。如果你光用文字描述，用户可能很难信服。但你可以把手机套上防水袋后，放到水里，用试验来说明产品的防水效果和触屏效果好。再比如，你卖的是拉杆箱。同样的尺寸，你家产品的价格比别家产品的价格要低很多，这个时候，用户就会怀疑是不是因为产品的质量不好，所以才便宜。那么这时候如果你单纯用文字描述产品承重没问题，用户可能也很难相信。但如果你可以让人站在箱子上，用锤子锤击箱子，用试验来说明产品质量很好。这里要提醒大家的是，如果试验能够用视频、动图的形式表示效果会更好，因为很多用户会觉得图片是 PS 的。

提供承诺

承诺，往往是用户购买服务的最后一道心理防线：性价比再高的产品和服务，如果在一开始就说明没有售后，总会让客户不放心。完善的售后可以使用户完全放心、无决策压力地使用产品，不会带来不必要的损失。

比如，在淘宝上我们就能看到很多品牌主动为用户提供承诺的方式。"假一赔十""正品保证""7 天产生效果"等承诺，都能让消费者感受到安心。所以，我们可以在服务保障、信息担保上下足功夫，让客户放心在这里购买。

本节小结

消除用户顾虑,有效提升用户信任度的5种方法:1.权威认证;2.客户证言;3.数字证明;4.试验证明;5.提供承诺。

02

购买信号：千万别错过客户下单的 5 大信号

想要让客户下单，有两个部分值得我们注意：首先，要明确客户下单的 5 个信号，其次要知道在成交信号发生后的 2 个注意事项。

明确客户下单的 5 个信号

在成交的过程中，客户一般不会主动明确提出想要购买。比如，明确说出，决定下单以及决定下单多少。这实际上是客户对自己的一种保护心理，即便客户很想要成交，但他们认为先提出成交就一定会吃亏。所以，很多时候客户会把自己的心理隐藏起来，自己获得更有利的价格优势。

但如果客户有明确的购买欲望，我们还是能在过程中感受到客户的购买意图，掌握这些客户想要购买的信号，可以加快成交的速度，同时避免跑单。

在线下我们还可以通过客户的表情和肢体语言去判断客户是否有购买的意向，而在线上我们只能通过客户语言去识别。

那么，线上客户到底有哪些常见的购买信号呢？

1. 客户不断追问产品细节

当你跟客户介绍完产品后，如果客户不断询问产品的细节，绝大部分情况下说明客户购买的概率很高。比如说，如果你是做线上教育产品的话，如果客户不断追问以下问题，代表客户的意向度比较高。你们什么时候开课？上课时间是怎么安排的？你们的课程可以回听回看？我怕会没有时间学习。你们的课程有老师辅导吗？还是自己听课呢？你们的课程是什么类型的，直播还是录播？如果客户不想购买，客户是不会浪费时间询问产品细节的。

2. 客户不断核实某个问题

当客户对产品有购买意向的时候，会不断核实这些问题。比如客户询问课程有老师辅导吗？还是自己听课呢？你告诉客户：课程有老师辅导，而且当你在学习课程的过程中，遇到问题可以随时私信老师。客户表示理解了，但是沟通完这个问题后，没过多久客户又跟你确认同样的问题，那么多半情况下客户是有购买欲望的。客户不断地核实，证明客户有购买的顾虑，也说明客户有购买的意向，这个时候我们需要不断挖掘客户的需求，打消客户的顾虑。

3. 客户询问付款问题

当客户问到付款方式、开发票类型、签合同方式等这样的问题的时候，代表客户的合作意愿度很高。比如：总共加起来多少钱？支付方式是怎么样的？可以开发票吗？你们开票税点是多少？到了这一步，千万不要再讲产品了，要马上告知用户付款的方式，来推进用户付费。

4. 客户询问售后服务

当客户开始询问售后服务的问题，代表客户的购买意愿又加强了一层。比如：长期使用会不会有副作用？如果觉得产品不好，可以退货吗？当客户问到这些问题的时候，你要引起高度的重视。

5. 客户表示认同产品

当客户明确表示认同产品的时候，说明合作的意愿度也是很高的。比如：你们的产品确实不错，我很喜欢。你的讲解很清晰。我朋友推荐过你们的产品，我现在感觉你们的服务确实不错。我一直在寻找这样的产品，总算是找到了。

不要担心用户问太多问题，客户提出的问题越多，成功的希望也就越大。客户提出的问题就是购买信号。了解客户的这5个购买信号非常重要，当然不要傻傻等待客户出现这些信号，很多时候我们可以主动引导客户产生这样的行为。当然也要强调的是，客户购买信号是复杂多变、相互交织的。

出现成交信号后的 2 个注意事项

1. 不轻易答应客户的要求

当我们判断成交信号的时候，是不是也意味着我们的成交机会来了？

这时候后你会处于十分紧张的状态中，感觉客户快要买了。这个时候很多同学都会做一件错事，就是客户提出的要求都会很轻易就答应了，是不是这样？当客户说：再便宜点，把零头抹掉吧！再给我打个九折。这样的情况是不是经常出现。

给大家分享一个案例：我有一个学员是做化妆品生意的，前几天他给我看了一下他和客户的聊天截图。客户跟她说：900块钱一套化妆品太贵了，能不能再便宜点，帮我打个八折。我的学员一看成交的信号出现了，就想要尽快成交这单生意，于是就毫不犹豫答应了。答应了之后，客户又向我这位学员索用试用装，我的学员都一一答应了。大家猜一猜，最后这单生意谈成了吗？尽管我的学员答应了客户的所有要求，但是最后客户还没有购买。你觉得客户想要成交的信号出现了，于是就干脆答应客户的需求，但客户最后真的会买吗？不一定。为什么客户最终没有购买呢？出现这样的结果是因为急于成交，悉数答应了客户的所有需求。客户想要便宜点，你就给便宜了，客户就会觉得产品不值这个价，还可以再便宜点。所以，大家要注意，即使出现了成交的信号，也不要轻易答应客户的要求。

2. 不要问客户还有什么问题

很多同学在快要成交的时候，会问客户这样一个问题：你还有什么问题吗？有些人甚至把这句话当成了习惯。可能客户已经没有什么问题了，你这么一问，倒是提醒了他们。客户会觉得难道还有什么问题我没有考虑周全吗？所以他们可能会说，我再回去考虑考虑。退一万步讲，客户本身没有问题了，但是万一经过你的提醒他真的就又问了一个问题，而这个问题你恰恰回答不上来，那么结果会怎么样？客户会不会觉得你连这个问题都不知道，可见你的产品也不靠谱，结果是不是就不买了？所以不要在快成交的时候多此一举问客户还有什么问题。我们要做的就是判断客户的成交信号，然后牢牢抓住成交机会，这样就会在很大程度上保障不会和成交擦肩而过。

本节小结

一、客户下单的5个信号：客户不断追问产品细节；客户不断核实某个问题；客户询问付款问题；客户询问售后服务；客户表示认同产品。

二、出现成交信号后的2个注意事项：不轻易答应客户的要求；不要问客户还有什么问题。

03
挖掘需求：组合提问，摸透客户购买动机

想要达成成交，要摸透客户的想法。想要搞清这一点，有3步组合步骤：（1）分清产品卖点和需求；（2）为什么要挖掘客户的需求？（3）如何正确挖掘客户需求？通过这3个问题，我们可以从客户购买的表象思考客户购买的概率，真正剖析客户的心理活动，找到他们真正的需求。

分清产品卖点和需求

我们在成交的过程中，经常犯的一个错误就是：把需求和卖点混在一起。

什么是需求？口渴了，想要买一瓶矿泉水，这就是需求。

什么是卖点？农夫山泉坚持产品的高品质，全力打造天然、健康产品，这就是卖点。

产品有卖点是很重要的，但是产品卖点有没有满足客户需求，这更加重要。如果没有人口渴，再天然的水，也都是空谈。如果非常口渴，摆在面前哪怕不是最好的水，会不会买？一定会。

这就是很多同学在成交的时候，会产生的疑问。"为什么自己

的产品很好，但是卖不出去？""为什么这么物美价廉的产品，销量这么低？"

仔细分析一下这两句话，就会发现这两句话是以产品为中心，我们想当然地认为自己的产品好、物美价廉，想当然地认为客户会购买，但是没有真正地站在客户的角度考虑。有句话叫"没有需求，就没有购买"。细细想来，也非常有道理。我们购买产品，不正是因为需要才购买吗？但是很多同学在成交的过程中，说得太多，问得太少，过于着急把产品单方面推荐给客户，却忽略了客户到底想要什么，结果一开口就失败了。

所以，很多时候我们要先忘记产品的卖点，从客户的需求出发。卖点不等于需求，卖点只能吸引客户购买，但不能决定购买。卖点更多的用处在于区分竞争对手，以及细分客户；而需求是购买的原始动机。

为什么要发现客户的需求

1. 不挖掘客户需求就不能得到客户的认同

很多人在成交时都能记好有关产品的知识和销售技巧，但就是得不到客户的认可，完不成自己的目标。他们无法成交的原因在于不能发现客户的需求，在每一个客户前都使用那些千篇一律的套词，结果当然可想而知了。

2. 了解客户的需求才能有效实现成交

我们要清楚地知道，客户可能属于不同的行业，即使是同一个行业的客户，他们各自的特点也不相同，他们的需求也往往存在着很大的不同。所以针对不同的客户，要采用不同的成交方法，要把自己产品的特点和客户的需求密切地结合起来，这样才能实现成交。

如何正确挖掘客户需求

很多人谈到成交，就会简单地认为是"卖东西"，这是对成交很片面的理解。实际上，成交是一个分析需求、判断需求、解决需求、满足需求的过程。在实际成交的过程当中，大多数客户不会直接告诉我们他的困扰，而是需要我们去发现和挖掘。

一般来说，客户对自己的需求有三种情况：第一种，客户不知道自己真正的需求；第二种，客户知道自己的需求是什么，但不能确定，需要专业意见；第三种，非常清楚自己的需求是什么，但客户在表达上会出现误差，或者不想过早表达他的真实需求。所以，在成交的过程中，我们探寻出顾客的真实需求是非常重要的。很多人在成交的过程中，总根据自己的思维来介绍，一味地强调自己认为值得购买的卖点。其实，很多时候这个卖点根本不是客户想要的。如果一味强调自己认为值得购买的卖点，可能会失去很多客户。

我们怎么样才能正确挖掘客户需求呢？

客户需求分为显性需求和隐性需求。显性需求是指大家都可以看到的需求。比如说，客户需要减肥、需要美容、需要买房买车、需要为孩子报兴趣班。而隐性需求是看不到的，也许连客户自己都意识不到，需要我们去挖掘。给大家举个例子：我的一个学员是做大脑开发早教的。课程的卖点是：促进孩子大脑发育，提高孩子专注力，让孩子更加聪明。如果她只跟家长讲课程的这些优势，那么成交率肯定很惨淡。因为每个家长选择早教的理由并不一样。有的家长是想要给孩子一个玩的地方，有的是想改善孩子的专注力，有的是因为孩子性格问题，有的纯粹是因为家长太忙了，没时间带孩子等等，虽说最后的结果都是选择早教课，但是家长真实的需求千差万别。很多时候我们会被客户的显性需求所迷惑，陷入货比三家的局面当中去。所以我们需要挖掘的其实是客户的隐性需求。

我们可以通过提问来挖掘客户的隐性需求。借助提问，我们可以刺激客户的心理状态，从而让客户自觉说出隐性需求。

1. 探索型提问

探索型提问就是收集有关客户的背景信息。这也是我们通常在与客户交流过程中，用到次数最多的方式。比如你是卖护肤产品的，你可以问客户：是自己用还是送朋友？是想要美白还是补水还是抗衰老？根据不同的需求，我们的介绍侧重也是不同的，这样就可以避免客户想要的是美白产品，但你介绍的却是补水的产品。但客户也可能完全不回答你的问题，因为客户会觉得这种问题只对你有价值，对他则没什么好处，凭什么要告诉你。

所以在提问前我们首先要和客户建立信任关系，消除客户的戒心。这时注意不要问太多问题，以免引起客户的反感。

2. 问题型提问

问题型提问就是询问客户面临的问题、困难。在我们得到客户的背景信息后，为了探寻客户的不满、焦虑及抱怨而提出的问题。例如：你现在用的是什么品牌？现在主要有哪些不满？我们可以由此得知真正的问题、不满和需求出现在哪里。不过要提醒大家的是，在用"问题型提问"的时候，必须要以你的产品优势为出发点，寻找只有你的产品能解决或者竞争者花更高的成本才能解决的问题。记住，提问不是漫无目的，要有一定的逻辑性，为你的解决方案埋下伏笔。

3. 后果型提问

后果型的提问，就是问题、困难没有得到解决，给客户带来的后果假设性提问。比如化妆品，如果客户回答之前使用的产品补水效果差。那我们就可以根据客户所阐述的问题，告知客户这个问题所带来的影响。我们告知客户，补水效果差会导致皮肤干燥，皮肤干燥会老得更快等等负面影响。问题型提问和后果型提问有比较明显的逻辑关系，前者是向客户指出存在的问题，后者是提醒对方问题导致的严重后果。后果型提问是问题型提问的升级版。是将一般问题升级为严重问题，把小概率事情升级成大概率事件。按照上面的三个提问，就有很大的概率挖掘出客户的潜在需求，只要了解了客户的真实需求，成交的成功率就会大幅度提高。

本节小结

一、分清卖点和需求：卖点不等于需求，卖点只能吸引客户购买，但是不能决定购买。卖点更多的用处在于区分竞争对手，以及细分客户；而需求是购买的原始动机。

二、为什么要发现客户的需求？

1. 不挖掘客户需求就不能得到客户的认同；

2. 了解客户的需求才能有效实现成交。

三、如何正确挖掘客户的需求？

这里我们主要分享了三种提问的方式，分别是探索型提问、问题型提问和后果型提问。

04

核心卖点：提炼核心卖点，客户迅速下单

想要提炼核心卖点让客户能迅速下单，我们需要更清楚地把握好以下三个方面：什么是卖点？卖点要遵循的 4 个特性？如何寻找产品的卖点？

什么是卖点

任何人购买产品，必定有一个购买的理由，卖点就是客户决定购买的理由。比如，我们购买空调是因为空调能调节温度；购买化妆品是因为它能优化我们的外貌。所以，在我们卖任何一款产品的时候，要先站在客户的角度认真思考：客户买我产品的理由是什么？

客户购买的理由就是我们产品的卖点。在如今这个同质化严重的时代，准确地找到产品的卖点，是成功打造产品的一个重要因素。一个精准的卖点能够达到四两拨千斤、事半功倍的效果。

卖点要遵循 4 个特性

1. 卖点必须是产品真实存在的

我们提炼出来的卖点必须是产品真实存在的，不能弄虚作假。

我们所做出的承诺要真的能够满足客户的需求，不是说说而已。

2. 卖点必须能够引起人们的注意

卖点的提炼要引人关注，尤其是目标客户的关注，否则你说了半天，客户觉得这和他没有什么关系，不就白说了吗？我们要站在客户的角度去提炼卖点，很多人总是喜欢把产品利益扩大或者转嫁到客户身上，实际上更重要的是要和客户的需求进行对接。

3. 卖点易于传播

产品的卖点提炼一定要让客户听得明白、记得清楚，这样才有益于产品的出售。当然直白和易于传播并不是一回事。比如，在宣传的时候说"家具便宜了"很直白，但不如"家具和萝卜一样便宜"更易于传播。

4. 卖点要注意时效性

现在市场上大多品牌的卖点，在过一段时间之后都会换新的形式出现。这是为什么？卖点是目标客户所需求和关注的，而客户的需求和关注随时间的变化是不断变化的。这也决定了卖点具有时效性的特点。一个好的产品卖点需要不断去丰富和完善。

如何寻找产品的卖点

想要找到产品的卖点，要做好这3步：

第1步：找到产品的利益点

首先你必须问自己一个问题，产品给目标客户的利益好处到底有哪些？一个产品从外观到功能，从创始人的故事到设计理念，从品牌服务到售后服务，从五官层面的感受到心理层面的感受，只要你去挖掘、去寻找，一定可以找到。刚开始挖掘产品的利益点越多越好，并且必须从产品的显性好处延伸到隐性的好处。这个时候，你可能会找到几十种产品的利益点。但这些都是产品的卖点吗？要把这些利益点都展现给客户吗？答案是否定的。因为根据传播学的规律，持续给目标客户传递一个好处的时候，客户会很容易记住；但持续给客户传递3个以上好处的时候，客户可能只会记住其中2个好处；当持续传递给客户7个以上好处的时候，客户可能一个都记不住。所以说卖点只需要一个就可以了，我们在找到产品的利益点后，就要对这些利益点做减法，要做到聚焦。

第2步：根据目标客户进行排序

你产品的目标客户是哪些？他们又是怎样的身份？又经常出现在什么样的场合？他们追求什么样的生活，他们和你的产品契合点在哪里？你的产品要加强哪些点，才能打动目标客户？这就要求我们从所有卖点里面挑选出和我们目标人群契合度比较高的卖点，也就是站在客户的角度，对卖点进行排序。

第3步：考虑和竞争对手的差异

经过上面的减法,你会发现，一下子砍掉了90%左右的利益点，但这些仍旧不是你最终的卖点。我们还要和竞争对手的产品进行对比。因为对于客户来说，他们很可能会把我们的产品和其他同类型的产品进行对比。所以，我们要想想自己的产品和竞争对手的产品有什么差异，产品带给目标客户的好处中，有哪些是你的竞争对手没有的，并且是当下客户最想解决的，或者说是我们的目标客户很想要的，但没有表达出来的痛点。这样才能让客户记住我们，在选择的时候更偏向于我们。找到这个之后你的卖点很明显地就出来了。

有的人会说，我的产品除了这个品类的共性以外，我实在不知道有什么其他的利益点，这个时候怎么办？我们可以把自己的产品套入以下几个角度，看能否提炼出以前没有想到过的卖点。

角度一：价格

价格是影响客户决策的重要因素，透明化或者可比性较强的产品可以以价格作为卖点。当然这里也要提醒大家，虽然低价策略简单粗暴，但是经常使用降价策略会损害自己产品的价值。

想要把低价作为产品的卖点，一般是因为自己的产品在控制成本上有优势，或者是因为对某些产品促销后，能够带动后端产品的销售，从而使整个收益最大化。

角度二：服务

客户购买的不仅仅是产品，很多时候服务也是客户购买考虑的因素。我在购买产品的时候，就非常注重产品的服务质量，如果产品的服务质量让我非常不满意，那么下次购买的时候，我会选择同类型的替代品。当然，这里的服务指的不仅仅是售前的服务，还有售后的服务。如果能够在服务上提出可衡量的标准，不仅可以吸引用户，还可以形成口碑的传播。

角度三：效率

现代人生活节奏越来越快，人们都渴望可以快速获得自己所需要的产品。比如说，购物平台宣传的 2 小时内送达；学习平台宣传的 7 天学会；等等。当然，如果以效率为卖点就一定要考量自己的能力，如果不能够兑现，就不要轻易承诺，否则会让客户投诉率增加，客户的信任也会大打折扣。

角度四：质量

产品的质量也是客户最看重的一栏。如果自己产品的质量过硬，就一定要宣传。当然要提醒大家的是，在宣传产品质量的时候，一定要注意场景化描述，而不是非常直白地讲出来。我们要多使用场景，让客户进行联想。围绕质量，我们可以聚焦产品的原材料、原产地和生产工艺。就以一件普通的白 T 恤举例子，如果这件白 T 恤是纯棉的，价格比同行要高，但是质量比同行要好，我们应该怎么阐述呢？我们不能直接写面料 100% 采用的是棉花，而是要学会转变思维。我们可以科普一下棉花的生产地、生长的环境，再放上一些棉花图，然后嵌入我们的产品。由于棉花在这样的环境下生长出来，并通过专业的工艺成形，出来的是柔软、干爽、亲肤、耐穿、透气性强的白 T 恤。这样会让客户有想象的空间，好像真的触摸到了柔软的棉花。

如果直接一张图片宣传自己的产品好，客户并不会买单。

角度五：情感需求

客户除了物质需求以外，还有情感需求。刺激打动客户的情感，也能够驱动购买。比如说，买洗脚盆可以给父母洗脚，让父母身体健康；买扫地机器人可以让父母少劳累；等等。

角度六：附加值

在提供同样的主营产品，如果你比竞争对手额外多提供价值，客户会优先选择你。比如说，在早餐店可以宣传，任选一款点心，可以免费获得一杯价值 5 元的豆浆。当然附加价值要和主营产品搭配好，才能相得益彰。

角度七：实力

强大的实力能够让客户对你的产品和服务放心。当然，这种实力一定是可量化的、有证据的。我们可以提供一些生产线的真实照片、品牌授权书、检测报告、生产包装过程、权威机构认定等等。我们可以将自己的产品，嵌入以上七个角度当中，看能否提炼出以前没有想到过的卖点。

本节小结

一、什么是卖点？客户购买的理由就是我们产品的卖点。

二、卖点要遵循的 4 个特性：1. 卖点必须是产品真实存在的；2. 卖点必须能够引起人们的注意；3. 卖点易于传播；4. 卖点要注意时效性。

三、如何寻找产品的卖点？1. 找到产品的利益点；2. 根据目标客户进行排序；3. 考虑和竞对手的差异。

四、找产品卖点的7个角度：角度一、价格；角度二、服务；角度三、效率；角度四、质量；角度五、情感需求；角度六、附加值；角度七、实力。

05

分析用户：消除客户购买顾虑的 3 个步骤

想要达成成交，我们要对以下五个部分都有深入的了解。为什么客户喜欢对比？竞争对手如何分类？如何分析客户心理？如何消除客户的购买顾虑？处理竞品的误区有哪些？

为什么客户喜欢对比

很多用户在购买的时候喜欢货比三家。比如，看中了一件衣服，会拿不同颜色的做比较，甚至会和别的品牌的相似款式做比较。为什么？首先，客户可能是外行。对产品一窍不通，无法自己做判断，所以把问题抛给我们，看看我们是怎么说的，再拿主意。其次，客户可能了解过竞品，也了解过产品，但是心中还有疑虑，不敢偏听偏信，所以想要找个内行的人验证一下。最后，这可能是客户的习惯性行为。毕竟谁都希望能够以相对较低的价格买到性价比较高的商品。

那么当我们遇到货比三家的客户时，我们应该怎么办呢？当客户来咨询产品的时候，我们应该要有一个清醒的认知：这是一个可成交的客户，但是他还没有最终决定购买产品。不然，他怎么还会来询问不同产品之间的差异呢？只要客户还没有购买，我们就有希望与他成交。

竞争对手分类

竞争对手分为直接对手和间接对手。所谓直接对手是指能够产生直接竞争关系的产品。比如同品类、同消费层面、同价格、质量和品牌影响力等。

间接对手是指产生替代效应的产品。比如说减肥产品和健身、地板和地砖。我们除了需要了解直接竞品外，对间接竞品也要有足够的了解。

我们还可以将对手根据产品特点分为：比自己产品有优势的、与自己产品不相伯仲的、比自己产品有劣势的。在面对比自己有优势的产品时，应该避其锋芒并展示自己的优势。在面对比自己有劣势的产品时，应该高调出击、自信推荐。在面对和自己不相伯仲的产品时，应该合理定位、细致拆分。

2个步骤，分析客户心理

我们上面说过，当客户询问不同产品之间的差异时，并不是不想购买，只是还没有决定最终购买哪款产品。只要他还没有购买，我们就有希望把客户转化到我们的产品上来。我们要做的是探明客户的虚实。

第一步，探明客户是否了解过竞品，了解到什么程度。在没有探明客户的虚实之前，不要乱说话，更不要妄下结论。如果客户对竞品的了解程度比我们更深入，我们就应该进一步了解客户为什么这么熟悉竞品，是因为想购买，还是有另外的原因。如果用户对竞品的了解有限，那我们可以展现自己产品的优势。

第二步，我们要了解客户对竞品的看法是怎么样的，是否喜欢竞品。如果不喜欢，就顺着客户的意思，询问为什么不喜欢；如果喜欢，就要追问客户为什么喜欢，进而再问，既然喜欢，为什么没有买。一般来说，客户不喜欢竞品的有以下几种原因。

（1）竞品的销售员在沟通过程当中，没有充分尊重客户的意愿；

（2）价格上没有满足客户的希望；

（3）产品的某个方面让客户存在顾虑。

举个例子，我的一个学员，她是卖减肥产品的，有个客户想要跟她购买一款减肥茶，网上的价格很便宜，她的产品价格比客户在网上看到的价格要高很多，这个时候客户问："为什么同样是减肥茶，淘宝上的价格比你们低这么多？"

我们先分析一下上述案例当中客户的心理。客户为什么找到了一款价格便宜的产品，但是没有购买，反而要来咨询我们呢？这是因为在价格方面让客户存在顾虑，害怕自己在网上看到的减肥茶存在质量问题，或者效果不太好。我们可以抓住客户的这个心理，尽可能多地展示自己产品的优点，告诉客户贵的原因。只有从客户的身上挖掘到了这些信息，我们才能针对客户的真正需求，达成成交。

具体怎么做呢？我们可以参考下边的内容。

3 个步骤，消除客户购买顾虑：

步骤一：肯定用户

我们可以这样说："很多人都会把我们的产品和某某品牌对比，价格相差那么大，您肯定也不放心对吧。"还可以说："很感谢您相信我，如果您不相信我，肯定不会了解那么多还来咨询我，我一定会帮您讲清楚两者之间的差别在哪里。"

步骤二：展现自己产品的优势

我们可以这样说："您说的那个牌子的产品也是不错的，看来您选东西还是非常仔细的啊。我们的产品是经过某权威机构认证的，您可以看一下，这是我们的检测报告和证书，是官方认证的，您可以放心。"接着把检测报告或者机构证书发给客户。还可以说："我们的产品是上过某某电视台，被某某频道多次报道过，毕竟吃进肚子里的东西，是不能开玩笑的。"这里的"吃进肚子里的东西"可以换成"用在脸上"等等。还可以说："您说的产品我不太清楚呢，我们的产品已经有 × 年历史了，我们获得过某某奖品，这些都是效果的保证。"

步骤三：引导下单

我们可以这样说："现在可以直接付定金，我马上就可以帮您安排。""支付宝方便还是微信直接转账？"

再比如："现在预订 3 天后就可以到您手上了，您用过之后就会发现自己的选择太对了，是付定金还是全款呢？"

处理竞品问题的三个误区

1. 切忌消极回避

客户把我们的产品和竞品比较，并不代表客户对我们的产品不满意，我们应该积极主动的回应，而不是躲避这个问题。客户在刚接触产品的时候，可能对产品一窍不通，自己心里没底，无法做判断，担心买贵了，所以把问题抛给你，想先看看你怎么说，再拿主意。如果你消极回避，东躲西藏，不敢直接面对，他就可能会认为你心虚，对自己的产品没信心，不敢与别人对比。如果你都没有信心自己的产品能比别家的好，那么客户又怎么会相信能够在你这里买到好的东西呢？你越是消极回避，客户对你就越没有信心，你就越难以赢得他的信任。在交易中，沉默不是金，而是毒药。

2. 诋毁攻击

当客户想请你描述竞品时，我们不能直接诋毁对方："那个产品太差了，千万不要去买。"这种把竞品一竿子打死的做法是万万不能的。当着客户的面直接诋毁攻击对手，首先会让你在人品上处于劣势，其次有可能引发与客户的争辩。倘若客户本身喜欢对方的产品，而你又把对方贬低得一文不值，那很有可能会引起他的不满，与你争辩。只要与客户发生争辩，你输了是输，赢了也是输。

3.切忌主动提及

很多客户在购买的时候，对产品信息掌握不是很充分，甚至不了解竞品的存在。这时我们不应该向客户主动提及竞品，不然可能会节外生枝，影响客户做决定，反而增加了让客户下单的难度。

本节小结

一、为什么客户喜欢对比

1.首先，客户可能是外行。

2.其次，客户可能了解过竞品。

3.最后，可能是客户的习惯性行为。

二、竞争对手分类

1.竞争对手分为直接对手和间接对手。

2.我们还可以将对手根据产品的特点分为：比自己产品有优势的、与自己产品不相伯仲的、比自己产品有劣势的。

三、2个步骤，分析客户心理

第一步，探明客户是否了解过竞品，了解到什么程度。

第二步，了解客户对竞品的看法是什么样的，是否喜欢竞品。

四、3个步骤，消除客户购买顾虑

步骤一：肯定用户

步骤二：展现自己产品的优势

步骤三：引导下单

五、处理竞品问题的三个误区

1. 切忌消极回避

2. 切忌诋毁攻击

3. 切忌主动提及

06
保证效果：牢记4个窍门，客户放心购买

产品的效果是很多客户考虑的首要因素。在和你的沟通过程中，客户相信你的产品是不错的，但是担心购买后没有你说的那么好，达不到效果。所以客户想要让你做一个保证，是希望从你这里得到一个肯定。其实，所有问这类能否保证效果的问题，都是内容缺失的问题，是没有安全感产生的，所以你只需要给到客户安全感就可以。

那么针对这种情况，我们应该要如何应对客户呢？很多人面对客户对效果产生怀疑时，就直接回答：真的很好，我自己都在使用，不好我不会自己使用伤害自己的。如果你是买家，听到这个回答，你是什么感觉，会不会感觉对方在自卖自夸？你听到这样的回答，会有下单的欲望吗？我想这样促成成交的可能性非常小。遇到这种情况，你不要盲目地说自己的产品有多好、有怎样的优势，虽然这样的回答没有毛病，但是不能打动客户的心。

有的人可能还会说，大多数人都有效果，少部分人没有效果，每个人的情况是不一样的。这样一来，客户就会想，到时候我买了没有效果，你就会说我是"少部分人"，于是客户就流失了。接下来，我给大家分享4个让客户放心购买的窍门。

举例法

用事实说话，激发客户的共鸣。遇到客户担心你的产品没效果的情况，我们可以举真实的案例打动客户。在举例子的时候，一定要保证案例的真实性，涉及的人物最好有名有姓有照片，如果有视频作证就更完美了。还有一点很重要，就是举的例子要和客户有相关性，这样才能激发客户的共鸣。

故事法

好的故事，能够让客户代入场景，让客户有身临其境之感。那写故事有没有模板呢？接下来就给大家分享以下2个模板。

1.“亲身体验”故事类型

这种故事类型主要强调自己使用产品的前后反差。比如说，当初我起早贪黑赚钱，累得死去活来，拼命努力工作，但是我并没有赚到钱，直到我参加了写作训练营之后，我才知道如何通过写作赚钱。现在，我每天轻松在家就可以赚钱。根据上述案例，我们可以总结出该故事类型的模板：当初我是什么情况＋现在我又是什么情况。

2.“第三者”故事型

这类故事主要通过讲述客户使用产品前后的真实感受，引起客户的兴趣。比如说，我之前有一个客户因为怀不上孩子去医院看病的次数已经记不清了，都成了中药罐子，天天喝中药。后来她在朋友的推荐下，才知道我们的产品。她使用了不到 3 个月，就怀上了孩子。通过上述案例，我们可以总结出该故事类型的模板：某某客户原来（描述不太好的情况），使用了我们的产品之后，在短短的时间内（描述好的结果）。当然，这里大家也要明白一点，你写出来的故事必须是真实的，不能是凭空想象或者虚构的。

对比法

要知道，你的产品并不是独一无二的，会有很多的竞争对手。那么，如果客户提出这样的问题，很可能是了解过别家相同的产品。既然这样，那你就不要客气，大胆地用"对比法"。当然对比法的意思不是让你踩别人、捧自己，而是迂回地夸赞自己。比如，你可以这样引导客户："您是不是了解过别家的产品呢？在您看来，他们的产品有什么优势？"等到客户说完优势之后，你可以接着这样说："不好意思，刚才是我的失误，我没有介绍到位，其实这些优势我们都有。而且我们还有一个独特的优势，这也是很多人选择我们的理由。"在这里把产品的优势详细地说出来，经过这样的对比，客户可能会开心地选择你。

承诺服务法

对于担心产品效果的客户，我们要把使用方法和注意事项告诉客户，并告知客户在使用的过程中会对他的情况进行跟踪了解，提供针对性的服务，确保能够用科学的方式达到理想的效果。

比如我们可以这样说："只要您按照我们的方法，正确使用产品，有良好的生活习惯，那么就一定有效果。而且到目前为止，我们的产品还没有一例没有效果的。试想一下，如果一个产品没有效果，它能在全国市场生存这么长的时间吗？ 在之后您使用的过程中，我们也会对您的情况跟踪了解，提供针对性服务，确保您在使用过程中达到理想的效果，到时候您也要发一些真实的反馈给我。"这样虽然没有直接跟客户说有没有效果，但是对于服务的承诺让客户放心，你不会卖了货就跑掉。间接证明了你对产品有100%的信心。

分享完以上四个诀窍，我想下次客户在提出这样的问题的时候，你不必慌张，完全可以在了解完客户需求之后，用积极的方式介绍你的产品优势，用专业的话术来引导客户接受你的产品。

本节小结

本节课主要围绕客户担心产品效果，给大家分享4个让客户放心购买的窍门。

1. 举例法

2. 故事法

两个讲故事的模板："亲身体验"故事类型；"第三者"故事型。

3. 对比法

4. 承诺服务法

07
考虑考虑：从"犹豫不决"到一聊就下单

不知道大家有没有遇到过这样的问题，很多客户往往会在要成交的关键时刻，再次犹豫。那么面对客户的犹豫，我们可以怎么处理呢？本节我们将从两方面着手：处理客户犹豫的 2 个注意事项；如何让犹豫的客户下单？

处理客户犹豫的 2 个注意事项

1. 切忌一直催单

客户在购买前犹豫是一件很正常的事情，我们在付款前也常常会这样。这个时候，如果你还一直催促客户下单，会让客户本能排斥，会让客户觉得你是在盯着他的钱。很多新人往往会一个劲儿催客户下单，这样反而会让客户觉得你这个东西卖不出去。因此，在这个时候我们不要用生硬的话术催促客户下单，而是要把自己的价值展示明白，告诉客户自己能提供什么，客户能获得什么好处。否则，客户很容易觉得你只是想赚他的钱，而不是想要帮助他解决问题。

2. 注意话术

当客户犹豫不决的时候，有的人会这样说："这个产品真的适合你，没什么好考虑的。"其实这句话会让客户觉得你在强买强卖，非常空洞。这就好像有一个小伙子天天追求一个小姑娘，可是每次都只说一句"我很适合你"，但是具体为什么适合，适合在哪里，却没有说清楚。而"没什么好考虑的"这句话，往往等于说客户的考虑是多余的，会引起别人的不爽。有的人会选择顺应客户的要求："好的，那这边我就先不打扰您了，您后续有任何问题或者需要都可以随时联系我。"或者说"那你考虑好了再叫我。"以这种无所谓、放任不管的态度倾向来做销售，十有八九顾客会离开。

那我们具体应该怎么做呢？让我们在第二部分具体展开。

如何让犹豫的客户下单

其实，客户犹豫不决的心理是可以理解的。客户说"考虑考虑"也是我们在成交的过程当中必须要面对的情况。通常在我们做出某项决定时，难免会考虑再三，如果这个决定需要付钱，我们往往会更加慎重。当客户犹豫不决时，我们无须过分担心，这恰恰说明成交到了最关键的环节。有经验的人往往会抓住机会，一鼓作气，拿下这个客户；而没有经验的人可能会束手无策，或者言语不当，丢失客户。

很多人在面对客户"考虑考虑"时往往会不知所措。那么这个时候我们应该如何处理呢？

1. 直接询问法

想想你在网上买东西的时候，是怎么样去判断一个产品的好坏的？是不是第一时间去看评价呢？有的时候客户会很担心买回来的衣服不好看、鞋子会磨脚还不好搭配。这就会导致客户出现"选择性犹豫。"这并不代表客户不想购买，只是有点担心，这个时候需要旁边的人帮助他做决定，告诉他自己的选择是正确的。我们可以跟客户说："我看到您有一些顾虑，不妨说一说。"或者说："您现在还在犹豫，是不是担心买错了？"或者说："您之前是有购买或了解过同类产品，然后感觉有不适合的地方吗？您可以说说我给您解答。"上面三个话术我们可以灵活地运用，主要目的就是消除客户的"担心感"，重新激活客户的购买欲望。

如果客户不回答或者不好意思回答，又或不知道如何回答，那么这个时候客户心里有可能是对产品或者是对你本人并不信任。这个时候我们可以用选择法。

2. 选择法

我们可以根据平时的积累，提前准备好四五个客户可能会担心的问题，让客户从中做选择题。选择题对客户来说是相对简单的，同时也能让我们给客户留下一个"专家"的印象，能读懂他心里在想什么。这种潜意识，能帮你获取客户的信任。

3. 安全法

我们和客户第一次合作的时候，信任度是比较低的，心里会有防御。我们知道的大型电商平台的 7 天无理由退换货机制，就是为了让客户免除担忧。然而当我们借助别的社交软件与客户进行交易时，往往没有这个机制，让客户更容易产生担心受骗的心理。这时候，我们给客户构建安全感就非常重要。我们可以主动给客户承诺，比如用户证明、权威背书等等，借助这些让客户更加相信我们。

4. 优待法

很多客户往往在追问了半天之后，依然不下单。面对这类客户我们也不要放弃，正是因为客户对产品是有心动的，不然不会一直问。有些客户很享受在购买产品时被重视的感觉，言外之意就是我想买，但是你要对我多讲一点，服务态度好一点，才会买。换句话说，就是要让客户有 VIP 感。对待这类客户我们可以热情积极一点，让客户有被重视被优待的感觉。此外，我们还可以给客户提供一些特殊优惠来辅助促成交易，要注意折扣尺度，以防客户趁机要求更大的优惠。

5. 情景描述法

有时候，客户犹豫不决，往往是因为我们没有找到客户的真正需求。这个时候我们可以采用情景描述法，来促进成交。如果你是做美妆的，可以向客户描绘使用后的效果。比如我们可以告诉客户，使用产品一段时间后，皮肤会比现在更加细腻，肤色也会比现在好看了，毛孔变细腻了，上妆更容易，人更加自信了。总而言之，就是一定要给客户美好的愿景。

6.试用法

如果客户想要购买产品，但是又有点下不了决心，这个时候可以建议客户先买一点试用看看。对方试用满意之后，就会继续消费。我们可以这样说：有些客户刚开始也跟您一样，但试完后，都说好，还介绍朋友来买。最后，我还是要提醒大家一点，在成交过程中，心态是非常重要的，也不可能做到成交所有的客户，被拒绝是正常的事，我们要放平心态，面对后面的客户。

本节小结

一、客户处理犹豫的2个注意事项：1.切忌一直催单；2.注意话术。

二、如何让犹豫的客户下单：1.直接询问法；2.选择法；3.安全法；4.优待法；5.情景描述法；6.试用法。

08
完成下单：让客户主动付钱的 7 大促单法

直接促单法

"直接促单法"就是用简单直白的语言向客户提出成交要求。这种方法没有掩饰，直接让客户接收到成交信息，督促客户做出决定。当客户已经明确地表现出对产品感兴趣，并没有提出新的问题时，我们可以直接对客户说："如果没有其他问题，您可以现在就下单。"或者是"没有其他意见，那我们现在就定下来吧。"这种成交的方法几乎适合所有的情况，不需要过多的语言技巧，对成交能力要求也不高。但由于这种方式过于直接，对容易引发敏感客户的负面情绪。所以，一定要在已经奠定好了较好的沟通基础的情况下，客户表达了明确的购买信号时，再使用此方法，这个时候客户相对比较容易认同。在我们说完之后，要静待客户的反应。在客户没有回复之前，不要再多说一句话，不要引开顾客的注意力。

二选一促单法

有这样一个故事，两家鸡蛋饼店，其中一家鸡蛋饼店的店员是这样对客户说的："要不要加鸡蛋？"而另外一家鸡蛋饼的店员是这样对客户说的："加一个鸡蛋还是两个鸡蛋？"第二家鸡蛋饼店的客户无论怎么回答，肯定是加鸡蛋的。虽然两家店都是卖鸡蛋饼的，但是业绩截然不同，正是因为第二家店卖一个饼就多加了一个鸡蛋，因为店员问的是加一个还是加两个，而不是加还是不加。

在促单的过程中，我们可以采用提供二选一的方法，给客户提供两种方案，无论客户选择哪种，都是我们想要达成的结果。"二选一促单法"的本质，就是让客户避开"要还是不要"的问题，而是要进入"要 A 还是要 B"的问题。这里要提醒大家注意的是，在使用"二选一促单法"时，不要给客户两个以上的选择，选择太多，客户反而会犹豫。如果客户面对"二选一"时，依旧非常纠结痛苦，你给的两个方案都没有做出选择，我们应该说："其实这两个方案，我建议你选这个。"然后告诉客户选择这个的合理理由，能帮助快速成交。跟"直接促单法"一样，当你还没有了解客户需求的时候，不要使用"二选一促单法"，否则很可能适得其反。

总结促单法

有时候，我们和客户说明得越多，反而越容易造成客户的混乱。这个时候我们把客户关心的事项进行总结排序，把产品的特点和客户关心的点密切结合起来，帮助客户总结出产品能带来的好处。这时要总结客户最在意的内容，不能总结太多，否则客户可能会忘记。一般情况下总结 3 个要点为宜。这要求我们在前期和客户的交谈中，时刻关注客户的核心利益，才能辅助最后促成成交。

算账促单法

当客户觉得你的产品比较贵的时候，我们不妨给他算算账。算账是为了帮助客户明确，产品的价值远远大于价格本身。尤其是一些看起来比较贵的东西，经过算账之后，客户反而更容易去接受。

在这里，我们有三种算账的方式，能帮客户明确价值：除法、乘法、省钱法。

1. 除法

如果你是一个普通的上班族，想要购入最新款的手机，可能会对价格感到敏感。但是在看到分期付款的提示后，是不是往往会产生想要下单的冲动？总价明明没有变，却产生了截然不同的心理效果。这恰恰是因为，你已经在心理算了一笔账：原价8千，分期付款每个月只要不到400，却能马上就拥有一部最新款，一下子就显得划算了很多。

这恰恰是一个我们可以好好利用的心理。比如，有客户正在因为价格犹豫是否要报你的课程，那么这个时候，我们就可以把价格平摊到每节课上（把这个课程的价格除以节数），告诉客户每节课其实只要多少钱。或者是把价格平摊到每天，告诉客户他一天花了多少多少钱。这么一来，我们就可以呈现给客户，这个课程一点都不贵的事实。

2. 乘法

很多时候，产品的价值是不能只用金钱来衡量的，有些产品可以帮助客户节约时间成本、精力成本等。比如，很多客户觉得扫地机器人不是必需品，自己打扫卫生花不了多少时间，因此有较低的购买意愿。这个时候我们可以从时间成本上，帮客户算算，使用扫地机器人一年下来可以节省多少时间，这些时间我们可以用在更值得的事上，比如陪伴家人、休闲娱乐，以及自我提升。通过这样环环相扣的乘法效应，我们往往会更容易得到客户的认可。

3. 省钱法

省钱法，顾名思义就是能帮客户省钱。比如说，多功能料理锅。一锅在手，我们可以煎肉汁满满的牛排、色香味俱全的鸡翅、唇齿留香的烤肉，还可以蒸鸡蛋、包子、鱼，适用于亲子时光和约会。大大降低了外食的成本，只要一台机器就能在家轻松搞定。

在使用省钱法的时候，我们可以把周期放大，因为算的这个成本是帮助客户省下来的，所以要尽可能往大了算。

双限促单法

双限法指的是：限时优惠，指定时间内，现有优惠和赠品到点就恢复；限量优惠，购买数量有限，限量销售，售完为止。

我们总是习惯性对充足的物品无感，而对稀缺的物品有较强的消费意愿。但这里也要提醒大家，这种方式不能无中生有，而且承诺的事情，要及时兑现。

试用促单法

我给大家讲一个故事。一位母亲带着孩子来到一家宠物商店，小孩非常想要一个宠物，而母亲拒绝购买。店主于是说："如果喜欢的话，就把这个小狗带回去吧，相处两三天后再决定。如果你不喜欢，就把它带回来吧。"几天后，全家都喜欢上了这只小狗，这位母亲到宠物店买下了这只小狗。这就是试用促单法。

有些客户天生优柔寡断，实在犹豫时，不要一直逼他拿全款买整装，可建议客户先购买一些试用装。这种方法虽然一开始的时候成交额较低，但后期可能会有较大的订单。

我们可以这样和客户讲："强烈建议您直接下单买正装，如果实在犹豫，可以先买个试用装，用得好再买正装。"这样客户会更容易接受。

第三方参考促单法

很多客户在面对自己不太熟悉的产品时，往往会持怀疑态度，不愿轻易尝试。这个时候，我们可以用第三方参考促单法，给客户一个下单的理由，引导客户下单。比如，别人在购买之后的收获。这样不仅能增强客户的购买信心，还能提升产品在客户心中的价值。

当然，在具体成交的过程当，我们不会只用到一个促单的技巧，而是需要灵活变通。

本节小结

7种促单方法：1.直接促单法；2.二选一促单法；3.总结促单法；4.算账促单法；5.双限促单法；6.试用促单法；7.第三方参考促单法。

09
成交尴尬：避免成交尴尬的 4 个通用技巧

上一节提到的促单技巧可以帮助我们实现成交，但是我们不只是为了成交，还想要更舒适的成交。本节给大家介绍 4 个避免尴尬的成交技巧。我们要了解成交中会出现的几种尴尬情况，在这之后再来看避免成交尴尬的 4 个通用技巧。

3 种成交中的尴尬情况

1. 客户不回复

在成交的过程中，最尴尬的莫过于，给客户发了很多消息，但是客户完全没有回应。前段时间，我听到了这样的描述：现在的客户，个个都和渣男一样，手里有好几个备胎，吊人胃口，也不确定关系，动不动就玩消失。听了这句话，看看自己手里的客户，你是不是也正在频频点头？那么，当我们遇到这种情况要怎么办呢？

（1）培育客户。

很多时候，客户不回复我们的原因是我们的消息并不一定是客户真正需要的。每天，客户都会收到很多信息，太多的信息甚至会给客户造成困扰。因此，"不回复"其实是常态。但我们不能因为客户没回复，就不再发信息了。如果你一直给没有需求的客户发信息，客户只会觉得你的产品卖得不好，既然卖得不好，说明质量很差，他就更加不买了。所以说，发信息也要用心，发的内容要言之有物。一些推销意味明显、无关痛痒的信息不发也罢。

那这部分客户我们就不管了吗？当然不是。

遇到这种情况，我们先放一放，培育一下。不知道你有没有去过游戏厅？游戏厅里面有一种硬币机，你投个硬币，它就会掉下来推前面的硬币。每投一个硬币下去，它都会往前推，前面那些硬币就会慢慢掉出来。可能你投了好几次硬币都没有掉出来，但是又投下去一个，突然一下子掉出来十几个硬币，对吧？客户也是一样的，虽然现在没有需求，但我们可以持续提供价值，去刺激对方的需求，去建立信任。比如每周频率固定的视频直播或短视频发布，都可以起到非常好的培育的作用，让你在你的客户中做到不打扰对方，也不被对方不遗忘。

（2）换位思考。

有时我们会发现，已经和客户谈到价格问题了，然后就没有然后了。别担心，客户这个阶段正在自我说服的阶段。如果你是客户，在这个时候，你希望看到什么样的信息内容？哪些内容才是自己真正需要的？客户需要的不是你的品牌，而是具体的产品以及选择产品的方法。能帮助客户做出合理选择的内容，才是他们真正需要的。

我们可以怎么做呢？客户在成交阶段一定会有很多的问题，但他又不知道具体应该问哪些。比如说你是卖减肥产品的，但是客户他可能并不天天研究减肥产品，所以他并不知道减肥产品怎么样，或者怎样才能选到好的减肥产品，所以他肯定会有很多的问题。

比如说，这个减肥产品和其他产品有什么区别？有没有副作用？吃了会不会反弹？是不是需要节食？需不需要配合运动？饮食要怎么搭配？对睡眠有没有影响？等等。那我们就可以把客户最常见的核心问题，包括相应的答案，整理成文档，发给他，告诉客户："昨天跟你聊完，我想你可能还在考虑，没事，这里有一些常见的问题，你可以看一下。"如果你刚好解决了客户的困惑，那么他就会选择在你这里购买。

（3）福利刺激。

客户有时候没有回复是因为在忙，通过简单的测试，我们就能了解客户的状态。比如，告诉客户有一个很好的赠品，可以送给他，用来测试对方的需求和意向。

比如："今天可以送一个福利，这个福利是可以免费获得的，但仅限今天，你想要的话，回复数字1，就可以免费领取。"

或者我们可以制造时间节点，给客户发消息。某个活动的有效期是5天，在最后的几天里面，可以借此活动为有效话题，告知客户。如果他回复了，说明客户是有需求的，只是暂时没有看到消息。

2. 客户认为产品名气较低

面对这种情况，我们应该如何解决呢？

（1）强调研发："这款产品确实没有那么知名，因为我们更重视研发以及口碑营销。所以，可能您很少看到它的广告，不过没关系，熟悉总有一个过程。我给您介绍一下，咱们的产品是××

企业生产的，具有××特色。"

（2）强调品质和服务："这确实是我们新上的品牌，不过您可以放心，正因为是新的品牌，我们特别注重品质和服务。现在新品牌如果没有特别的竞争力以及好的品质，是很难立足的。而我们做得很好，我有信心，你可以放心使用的。"

（3）提供老客户案例：找一些老客户对产品的评价给客户看，还可以给客户看老客户使用前后的变化对比图。

3. 强调别人家的产品价格更优

很多时候，客户这么说，是为了让你给他更便宜的价格。但其实这个时候，我们更应该给他一个除去价格外的购买理由。比如这个时候，我们可以避开价格高低的问题，直接强调产品的适合性和增值服务。

避免成交尴尬的4个通用技巧

除了上面说到的3种情况，成交过程中还会遇到许许多多其他的尴尬。那么我们应该如何避免呢？

1. 不说批评性的话语

有的人会跟客户说"别家的产品一点都不行""他们的产品一点都不适合你"等一系列包含批评的话语。这是万万不可取的。这些话会让客户感觉不舒服，等于在变相质疑对方的选择。

2. 少用专业术语

有的人一上来就跟客户说一大堆专业术语，让客户云里雾里的。对方反感的心态就由此产生，拒绝购买就变得顺理成章了。把这些专业术语，转换成简单易懂的话，让人看了清清楚楚明明白白，才能有效达到沟通的目的。

3. 少问质疑性问题

很多人在成交过程中会担心客户听不懂你所说的一切，而不断地以担心的口吻质疑对方。"你懂吗""你知道吗？""你明白我的意思吗？"这些话在他的出发点虽然是想要更好的帮客户了解问题，但在客户层面，往往会让对方觉得自己的能力被质疑了，没有得到起码的尊重，进而产生逆反心理。

4. 回避不雅之言

每个人都希望与有涵养、有层次的人在一起，不愿意和那些讲脏话的人交往。所以和客户对话的时候，要避免讲脏话。此外，还要提醒大家，尽量不要用一些网络词语，有些客户的年龄比较大，不理解网络词语的意思，会造成误解。

本节小结

一、3种成交中的尴尬情况

1.客户不回复：我们可以培育客户、换位思考、用福利刺激。

2.客户说品牌没有名气：我们可以告知客户，品牌更重视研发、品质和服务，提供老客户案例。

3.别家产品比你家便宜：我们应该避开价格高低的问题，直接强调产品的适合性和增值服务。

二、避免成交尴尬的4个通用技巧：1.不说批评性的话语；2.少用专业术语；3.少问质疑性问题；4.回避不雅之言。

10
客户维护：多涨 3 倍成交量的客户维护法

想要更好地维护客户，我们要从两方面重点分析：为什么要进行客户维护；如何进行客户维护。

你是否听过"250 法则"呢？

每个客户背后至少隐含 250 个潜在客户，当你的服务足够出色和专业的时候，这一个客户会帮助你获得 250 个客户。当你的服务低劣又差劲的时候，你将会失去 251 个客户。维护好一个老客户胜过开发 10 个新客户，因为老客户的维护能够给我们带来高质量的转介绍。由此可见客户维护的重要性。但充满信任感的客户关系建立，是一个循序渐进的过程，不能操之过急，需要持之以恒地相互理解和付出。一般来说，老客户的维护，是我们必须要做的事情。

那么如何才能与客户保持长久且良好的关系呢？

客户管理

不管你有多么聪明的大脑和多好的记忆，也不可能记住客户的每一个细节，所以对客户进行管理是必需的。有 5 种客户分类管理技巧来帮我们了解这些问题。

1. 通过微信昵称管理

直接体现在微信备注名上。这类昵称非常适合用在与客户私聊的时候。比如，我们可以把客户用 ABCD 进行分类：A 类代表可以合作的客户，B 类可以代表成交过的客户，C 类可以代表咨询过的客户，D 类代表暂未连接的客户。这样我们就能清楚地知道这个客户处于什么样的阶段，自己要用什么样的方式去沟通，后续在发朋友圈的时候，也能够更好地触达。

2. 通过标签管理

标签分类的方式有很多。比如按照社会关系，可以把微信好友分为家人、同学、同事、朋友、陌生人。比如按照客户的来源，可以把微信好友分为主动添加、从公众号添加、互推添加、某某活动添加等。再比如按照成交的进度，可以把微信好友分为复购、成交、待沟通、未沟通等等。有针对性的标注有利于我们有针对性地进行沟通。

3. 添加描述

在陌生的好友加了你之后，做了自我介绍，为了避免忘记他是谁，你就可以把他的自我介绍复制粘贴到描述里。同样的，客户的个人详细信息，或者有价值的个人信息，如果你担心忘记的话，也可以添加在描述里。描述最多可以添加 400 字，我们可以把有用的信息都备注一下。还有，有的时候我们可能会不记得对方的电话号码，那么我们也可以备注在微信的电话号码里面，这个电话号码是直接点击就可以拨通的，非常方便。

4. 星标好友

点击好友名片，点击右上角的三个点，点击"标为星标朋友"，就可以将好友设置为星标好友。如果你的微信好友比较多，刷朋友圈很难刷到一些重要的人的动态，我们就可以把他设置为"星标好友"。

5. 置顶聊天

有些同学可能添加了很多的社群，也有很多的好友，那么怎么去管理这些重要的聊天呢？就是使用"置顶聊天"这个功能，这样的话我们就可以随时关注到这个群或者这个人的消息，不会被淹没。这个功能大家应该都是知道的，可以充分利用起来。

客户维护

1. 物质维护法

物质维护是客户关系维护中做常见的。生意场上没有永远的朋友，只有永远的共同利益。如果你和你的客户之间没有共同的利益，那么你的客户就会悄悄流失。如何让你和客户之间的利益最大化，是维护客户关系的中心。同样，人与人之间也需要感情和礼品的润滑，千万别忘记给客户一些适合的小礼物，或者给客户一些返利政策，这样才能逐步提高客户的忠诚度。

2. 精神维护法

客户关系维护中，精神维护是必不可少的，这也是能与客户走得更远的一种维护形式。精神维护的核心是要找到客户的爱好与理想，当然这个爱好和理想是你也拥有的或者是你愿意去了解和学习的，这样你才能有话题和客户交流。这种交流是超越客户关系进阶朋友关系的交流。

3. 价值维护法

所谓价值维护法是你在日常生活中能给客户带来什么样的价值。比如你给客户提供一些咨询、小技巧、小方法等等。不过这种对于我们自身的要求比较高，需要一定的人脉关系和组织策划能力。

本节小结

一、为什么要客户维护：维护好一个老客户胜过开发10个新客户，因为老客户的维护能够给我们带来高质量的转介绍。

二、如何进行客户维护？

1. 客户管理：（1）通过微信昵称管理；（2）通过标签管理；（3）添加描述；（4）星标好友；（5）置顶聊天。

2. 客户维护：（1）物质维护法；（2）精神维护法；（3）价值维护法。

Part 5

做大你的事业：

把你的变现方式升级成你的事业

01
升级认知，蜕变成为理想的自己

我原来看过一个故事，一个人在悬崖边摔了一跤，幸运的是他抓住了悬崖壁并没有掉下去。于是，他就大声喊："有人吗？快救救我吧！"可是没人回应。他继续喊："有人吗？快救救我吧！"喊了一段时间后，终于有一个声音跟他说，"我是上帝，我可以帮你，不过你要完全信任我哦，你把手放开吧。"然后，这个人跟没听见一样，仍然扯着嗓子大喊："有人吗？快救救我吧！"

其实这个故事恰恰说明，如果你想走到更高的层次，那么就必须要放弃掉一些旧的思考方式和行为模式，接受新的方式才能获得重生。老习惯没办法把你带到新的地方。

我们现在所看到的人与人之间的差距，根本的原因正是他们的思维方式和行为方式不同。我们既然想改变，想跟过去的自己说再见，那就要从根本上去改变自己，从而实现完美的蜕变。每一个创业者都希望自己能实现更好的财富收入，但赚钱这件事，既有外在的法则，也有内在的法则。外在的法则容易看见，比如受业内认可的名号、能够提供的专业知识这类能呈现出来的现象。内在的法则则是我们的信念，我们面对问题时的思考方式，遇到挫折时的行动和决心，对世界的理解等。

每一个人都有自己的事业期望，随着年龄的增长，这份期望会愈发强烈。比如我自己，我在 30 岁前，拥有一份看似光鲜的工作，但我的危机感却很强，因为我清楚知道，打工实现不了财富自由，而我所从事的这个行业永远都无法自己出来单干，很多技术的核心全部在国外。想要更多地提高，我必须要想办法改变自己原有的赛道，因此，我也一直在上班之余寻找其他的机会。在各类尝试中，我试过咖啡厅，试过开地暖公司，每次我都是激情满满，感觉前方一片光明，不过，这些项目最后都由于各种原因失败了，我也亏掉了积蓄。这些挫折并没有成为我人生路上的绊脚石，我也经常自嘲，自己是一只打不死的小强。无论生活怎么虐我，我内心的那股劲儿都灭不掉。在我的内心深处，在十几年前就种下了一颗创业的种子，我骨子里就是不能原谅自己平庸过一辈子，所以像我这种性格的人，只能一路努力狂奔。我不知道未来能跑多远，但，至少在位的时候永远饱含激情。像我这样的人，我只想用结果和事业证明我自己，这样我才有安全感。很多人认为"升级认知，蜕变成理想的自己"看似和创业赚钱搭不上边，但其实在赚钱这件事上，除了外在的技能之外，内在的原动力很重要。就比如说你想成为一个顶级的造型师，你拥有很多顶级的工具固然很重要，但是，能不能善加利用这些工具才是核心关键。

　　因此，想要实现财富升级，我们就要首先掌握完美蜕变的六大核心法则。

法则一：转变思维，唯有学习才能让自己变得值钱

每个想要创业的人，目的之一都是为了赚钱，这无可厚非。赚钱，就是让别人购买你推销的产品或在线服务，并不是你随便让对方给你一百块钱，对方就能同意的。这里我们可以换位思考，你在什么情况下，愿意心甘情愿给对方一百块钱呢？当然是别人给你提供了某个东西，这个东西可以是实物的，也可以是虚拟的。总之，一定是你需要的东西，能解决你问题的东西，是不是这样？

商业的本质就是帮助别人解决问题，你能帮别人解决多少问题，你就能得到相应的回报。在完成打工人到创业者的身份转变的过程中，我最深刻的体会是，很多人只顾着赚眼前的钱，不愿意让自己更值钱。我刚毕业进入社会的时候也掉进了这个误区，工作非常努力，甚至可以用卖命来形容，部门加班最多的是我，升职加薪的也是我，那时候总是因为自己比别人每个月多赚两三千块钱而沾沾自喜。后来我才慢慢开始意识到，我挣的只是最辛苦的钱，而且这样下去，依然很难赚到大钱。因此，我改变了我的战略，把下班后的所有时间用于学习工作之外的东西。想要自我改变，唯有学习。很多人会觉得学习很枯燥，然而当你带着目标去学习的时候，就会发现学习不是一件枯燥的事，就能自然而然体验其中的乐趣。

如果你想要在朋友来你家的时候，露两手厨艺，那么你就自然会专心研究制作美食的方法，享受学习过程中的乐趣，而不是感到痛苦。所以，只要我们找到学习的乐趣，就能自然而然事半功倍。

一个人是否爱学习、会学习，主要看他的学习动力、学习毅力，还有把知识转化为资本的能力。最后一点尤为重要！我从小也不爱

学习，成绩也不好，小时候还经常逃学。一直到高中的时候，我的学习成绩都不出众，偏科严重。上大学后，我忽然开窍了，我选的是机械设计专业，俗话说，兴趣是最好的老师，我对这个专业比较感兴趣，认识到学习的价值和重要性了，就有了学习欲望。当我走上社会后，职场也一路升迁。当内心有了强烈欲望的时候，一定是会去主动学习的。

除了兴趣是最好的老师之外，我认为"逼迫"才是学习背后的那只更凶猛的"老虎"。我就是这样的，我的职业生涯后来进入瓶颈期，使我陷入了人生的困境，因此才有了急于破局，想要寻找其他路径的想法，才产生了学习的动力，才有了后边玩命奋斗的经历。每个人都是有惰性的，不把自己逼到悬崖边上很难有结果。

思考1：你为什么走到这里？

法则二，利他是最好的利己

什么是利他？利他就是给予，不求回报的给予。大部分人刚开始创业的时候，目的就是能赚点钱改善自己的物质条件，让自己和家人能过得更富足。当有了足够的财富后，我们开始追求价值，影响力和地位。在这个过程中，我们要达到目标是需要通过满足其他人的需求才能实现的，这就要求我们有利他之心。在我早期的创业经验中，我的出发点就是赚钱，没有想到为他人提供价值。

后来我做自媒体有成绩了之后，才慢慢领悟到了，原来想要获得成功，一定要做利他的事。4年前，我是一个多次创业失败的打工者，我的人生可以一眼望到头。但我的内心告诉自己，这不是我想要的生活，我要改变，我要学习，我要创造价值。于是，我下定决心，要坚持去做一件事情，我也不知道我擅长什么，于是我就从坚持记录自己的学习心得开始，然后在各大互联网平台上去分享出来。

一开始，我注册的公众号名字是 Steven 的学习与思考。从我一开始决定在网上写文章的时候，我都是秉承能输出对别人有价值的东西，让别人看了我的文字会有所收获成长，持续输出有价值的内容不就是极致利他吗？正因为这种利他的行为，才让自己保持着不断的成长。同时，我不仅收获了成长、快乐、他人的信任，顺便收获了金钱。当我们能做到极致利他的时候，你所追求的就都来了。所以，你有没有发现，当我们总是盯着赚钱的时候，反而赚不到钱。所以，要想成功就先利他，越利他越成功！

这里我要着重强调的是一定要乐于分享，不要吝啬。越分享，越幸运。我们的成长，就是建立在相互交流学习过程中，建立分享思维，帮助他人成长的同时，自己也可以获利。分享不分线上线下，在不同的平台广泛地进行分享。不仅能锻炼自己，让自己的价值最大化，还能提升自己的知名度，结果就是倒推了你的成长。

思考 2：选择一个主题与别人分享。

法则三：对新鲜事物保持敏锐度，养成持续行动的习惯

现在社会环境变化得实在是太快了，稍不留神可能就被这个时代抛弃得很远，保持对新事物的敏感度是非常重要的。我们一般对新事物的认知有 4 个层次。

第一层次，不知道自己不知道。认知停留在这个层次是最可怕的，感觉什么都很简单，正所谓无知者无畏，结果就是自己会因为自我感觉良好进步缓慢。在我早期的创业中，我总是认为市场上的竞争对手很容易被打败，我们的产品可以颠覆行业，但现在想一想，只剩下感慨自己的无知。

第二层次，知道自己不知道。认知在这个层次的人，能够开始意识到自己在某些方面的不足。开始变得谦虚谨慎，敬畏生活，也终于开始懂得要通过学习改变自己的处境。只有在我们经历了挫折后才会意识到，自己有很多的能力是不具备的，想要努力寻找突破，向领域里的牛人请教，扩大朋友圈，提高自己的整体能力。

第三层次，知道自己知道什么。当我们到了这个层次，已经大概清楚自己几斤几两了，了解自己的优劣势，清楚自己有什么样的能力，且有效地运用自己才能去干好一些事。随着自我认知、圈层、和实践的不断升级，我能清楚认识到自己到底知道什么，不知道什么。变得虚心好学。

第四层次，也可以说是一个人最高的境界，不知道自己知道。达到这个层次的时候，应该就是可以达到"手中无剑，心中有剑"的境界了。

我们想要对新鲜事物保持敏锐度，就要刻意练习我们的洞察力，让自己去刻意分析事件的趋势和可能的发展。我们每个人都想变有钱，但是仅仅靠想，钱是不会从天下掉下来砸到我们头上的，我们必须要有所行动。这个道理看似非常简单，但是很多人却总是迟迟不行动，背后可能是他内心的"恐惧和疑虑"阻拦了他的步伐。《战胜内心的恐惧》这本书里提到，大多数人犯了错都是要等恐惧感渐渐消退或者完全消失之后才愿意采取行动，但很遗憾的是，有可能一等就是一辈子。每个人其实都是习惯的动物，我们需要可以练习在心中带着恐惧、不确定、不方便、不舒服的情绪下，依然还能采取行动，甚至练习在没有心情行动的时候也可以行动。

很多时候，我也会不想看书、不想写文章、不想录视频。这种情况下，我就和自己说，今天别看太多，看两页就行了。事实上当我真的开始看了，我就自然而然地进入了状态。也常常就和自己说，试着写一百字，写着写着就停不下来了。我和自己说，赚钱哪是那么容易的事，只有愿意做困难的事，人生才会变得轻松，只有去做让自己不舒适的事，才有可能突破自己的舒适圈。每个人在第一次尝试新事物的时候，都会感到不舒服，但是几次之后，就会觉得越来越舒适。人只在一种状况下是真正成长的，那就是你觉得不舒服的时候。如果我们想要收获更多，那就要习惯"不舒适的感受"。下次当你觉得不舒服、害怕的时候，不要缩起来，大胆向前。不舒服只是一种感觉，并不能阻挡你向前，如果你不顾不舒服的感觉硬着头皮继续前进，就一定能达成目标。

我们是习惯的动物，必须要多多练习在面对恐惧的时候采取行动，不能只在舒适的时候采取行动，在不舒适的时候选择放弃。

思考3：列出自己想要改变的时候最大的困扰和恐惧，尝试走出舒适区，去做让自己感到不舒适的事。

法则四：信心是最好的财富源泉

这些年，我给几千个人做过咨询，这其中有很多人都有才华，但是他们很容易给自己设限，觉得自己不配得到更好的，无法将自己打开。比如我，并不是一线城市名校毕业，也没有什么背景，然而普通并不意味着甘愿平庸。只要你相信自己可以，你就有可能成功。曾经经常有人问我，沈老师，你是靠什么意志力能坚持这么长时间输出的，尤其是当你一开始根本没有收入来源的时候。对我而言，是相信的力量。我亲眼看到了很多的前辈成功了。我坚信自己也一定可以，只是时间的问题。当我有想放弃的念头的那一瞬间，我会拼命给自己打气。每当我能量不足的时候，我还会刻意看看励志书和电影来给自己打打鸡血。电影《阿甘正传》里的阿甘不在意结果，不理会别人的眼光，想做什么马上行动，而且非常有耐心。所以他是橄榄球星、战争英雄、亿万富翁，而且毫无理由地跑了3年2个月14天16个小时，激励了很多人。有时候限制你的，往往是你自己，你有多自信，舞台就有多大。你必须要相信自己一定能月入十万、百万，甚至更多，你只有先相信了，才会实现。

盲目的自信一定会比自卑更有出路。2017年，我刚开始利用下班后的时间写文章和录制课程的时候，我看到一个人做知识付费一个月赚了几百万，我就想，别人可以，我怎么就不可以呢？有了这个想法之后呢，我就立马行动了起来。除了上班的时间，其余的时间全部投入到副业上，那时候每天睡差不多4个小时。两个月后，当我副业收入达到5万的时候，我内心非常开心，说真的，我当时有点不敢置信。如果在开始之前，有人告诉我两个月后我的收入会达到这个数字，我可能不会相信他。但是当你自己开始相信自己，并且立马行动起来的时候，你很有可能会成功。所以，如果你给自己设定了一个目标，并且每天要求自己强化这个目标，你将有很大的可能实现它。千万不要抱着我先试试的心态，这样大概率不会成功的。假如你自己都不相信自己能够做到的话，那你根本不会去行动，最后势必什么都得不到。

思考 4：制定一个目标，可以是半年目标、一年目标、三年目标，以及你达成这些目标所要实施的行动计划，定期复盘。

法则五：靠近正能量的人，活成一道光

想要成功，最快最省钱的办法就是去靠近已经成功的人，跟他们学习，模仿他们。如果你采取跟他们同样的行动，和同样的思考方式，你就很有可能会得到相同的结果。我就是这么做的。事实上无数成功的人都是这么做的。

跟正能量的人做朋友，去感受他们身上的正能量，慢慢让自己也被同化，充满正能量。我也会看一些名人自传，从他们的人生经历中去领悟道理。能量是会传染的，近朱者赤近墨者黑。如果你交往的朋友都是正能量，你也将收获正能量，如果你被负能量包围，那么你也很容易接收负能量，不容易保持正面思考。但是这在某些时候也是一种考验。当你的周围充满了怀疑甚至反对的声音，你依然还能真诚面对自己的信念，那么你就会获得成长，变得更加坚强。

曾经有人问过我："我想要成长，想要改变，但是我老公经常泼我冷水，或者我爸妈不同意，觉得我被洗脑了。我该怎么办？我

该不该继续？"这个时候，你一定不要立马去说服改变那些负面消极的人的思想，你要做的是运用你所学到的东西，让自己变好。当别人看到你内在的光亮，他们自然也想向这道光亮靠近。

能量是会传染的，你只要不影响别人，就会被别人传染。也就是说，只要你不能用正面能量影响别人，别人就会把负面能量传染给你。所以，我们要靠近正能量。

我们如何保持正能量呢？你可以每天晚上用10分钟的时间想一想，今天自己的哪些行为是正能量的，哪些行为是负能量，然后在第二天，有针对性地去改变，去自我完善。

思考五：

1. 找3—5个你要学习模仿的成功的人，去研究他们的经历，模仿他们的思考方式。

2. 减少待在负能量的人身边的时间，等你有足够能量去影响他的时候你就安全了。

法则六：打通愉悦回路，做一个幸福的有钱人

很多人都和我说，对未来感到很迷茫，不知道自己的未来方向在哪儿。

想要理清思路，要明确：我们人生是要去做减法。在你面对很多事情的时候，你要选择性的做，不要毫无目的的去做。如果一件事不能让你快乐，缺乏长远意义，那就尽量不要做。

假如你现在的这份工作，既不能给你带来快乐，跟你未来的长期规划也没有关联，那你就要做调整。

人都是趋乐避苦，追求愉悦的。所以很多人说戒酒说了快10年了，到现在也没能戒掉。因为抽烟喝酒赌博让人上瘾，让他大脑里产生了愉悦，成瘾后，愉悦带来了欲望和快感。但其实，这是一种负面的愉悦。我们要尽快戒掉它。

在我们日常生活中，还有正面的愉悦，比如工作、学习、帮助他人，我们可以在生活中循环这种愉悦。

每当有学员来跟我报喜，感谢我的帮助让他有了收获的时候，我内心的那种幸福感是无法用言语表达的，而这也是激励我不断去学习，不断去帮助他人的动力。经常跟我接触的人都了解我，我的脾气非常好，基本上不会发脾气，也从没有当面批评过谁，下属员工犯错误了我也不会当面去斥责，要学会尊重每一个人。相反，作为老板或者管理者，如果看到员工或者下属出色完成一件非常好的事情，要及时去表扬他，而且要当众赞美他。详细具体地描述他做得好的细节，给其他人树立榜样，鼓励他继续前进。这种激励他人的技巧会给员工或者下属带来愉悦的回路，他感受到的是认可，觉得自己是有价值的。时间久了，员工会对表扬上瘾，工作也会越来越积极，对公司越来越有归属感，幸福感越来越强。公司业绩自然会越来越好。而老板呢，也会很享受带领团队的快感，打通愉悦回路，做一个幸福的有钱人。

有三个习惯能让你受益终生，成为幸福的有钱人。

阅读。所有取得成功的人，不管他学历是高还是低，基本都保持了阅读和持续学习的习惯。阅读并不是麻木地读书、看书，是要有针对性地、带着目的和疑问去阅读。在这个过程中，找到你要的答案，渐渐你就会爱上从疑惑到反思再到顿悟中收获的喜悦。

运动。经常运动会让大脑持续分泌多巴胺，多巴胺能让人感到幸福快乐。运动的时候还有一种很强烈的力量，有一种飞扬的感觉，令人很舒畅。尤其是当情绪低落的时候，我们可以通过运动来调整自己。

复盘。《论语》里讲"吾日三省吾身"就是要养成复盘的习惯。我要求公司员工每天下班的时候写当天的工作复盘，每个时间段做了什么，今天有哪些进步和不足，分析原因，找到改善的办法。复盘本身也是一个很好的学习方法，能让人快速成长。

最后，分享斯图亚特·怀尔德说过的一句话："成功的关键在于提高你的能量，当你的能量提高了，别人自然会被你吸引。一旦他们慕名而来，你就要他们付钱！"

本节小结

法则一：转变思维，唯有学习才能让自己变得值钱

法则二：利他是最好的利己

法则三：对新鲜事物保持敏锐度，养成持续行动的习惯

法则四：信心是最好的财富源泉

法则五：靠近正能量的人，活成一道光

法则六：打通愉悦回路，做一个幸福的有钱人

02
全面提升认知，具备顶级商业变现思维

我想问大家一个问题，如果把自己看作一家公司，在这七八十年里，你是否能实现"永续经营"？

如果每个人都是一家公司，那么我们看最终的结果：人和人的最终差别体现在表面，比如影响力、财富、健康，但其深层次的原因就是"个人商业模式"的差异，用大白话说就是赚钱的模式。

个人商业模式大体上可分为下面几种：第一，无杠杆卖时间，即单位时间只能卖一次，且只能卖给一个人，打工就属于这一类；第二，有杠杆卖时间，即单位时间可以卖多次，且可以卖给多人，卖出的份数和客户数与杠杆比例相关，作家属于这一类；第三，花钱买时间，老板，企业家属于这一类。

我们身边很多人辛苦了一辈子，依然与财务自由无缘，你说是因为他们不努力吗？并不是。"上个好大学，找份好工作，安安稳稳工作一辈子。"这是很多父母对子女的期望，也是很多年轻人一开始就选择的道路，我曾经也是这样的。但这样看似合理的选择也有一定的局限。

第一，不是所有打工的人都能实现财富自由。即便自己足够努力，有些找工者根本攒不下太多钱，还完车贷、房贷能够用就不错

了。我之前打工的时候，出行尽量能公交地铁绝不打车。因为经济条件不允许我这么奢侈。

第二，不管你做什么工作，要想增加收入都必须以"涨工资"为第一标准，无论是在公司内晋升调整还是跳槽出去寻找机会。然而，随着年龄渐长，年薪渐高，能继续涨工资的工作机会越来越少。你既无力改变环境，也离不开这份薪水，只能无奈地待在原地。这是现实生活中很多人的写照。更糟糕的是，有的人40多岁，好不容易爬到中高层，被裁员了。出去找工作，高不成低不就。一门心思打工会让人在"高龄"的时候陷入严重危机。虽然很多人可能一直拿着相对不错的高薪，但是整个家庭的财务状况还是不很理想，让人忍不住会问"钱都去哪儿了"。

其实很简单，当你的收入来源只是一份工资，却有数不清的支出项目时，你会发现，你的工资可能只能承担这些日常生活开销。如果不刻意控制支出，完全不可能有结余。大多数就算是工作10年以上的人，基本每个月都是等工资入账。

打工不是唯一的选择。我们要做复利的事，形象一点的表述叫"滚雪球"。我们不管是选择投资还是事业，都要用滚雪球思维。

比如，我在2017年开始兼职做自媒体写文章，刚开始只有几十个粉丝，后来经过长期坚持，粉丝人数变成了1万，再后来到了10万，现在有了几十万。在这期间，其实我每一步都走得很艰辛，也看似很慢，但过程中，我的阅历、写作技巧、收入都获得了提升，这都是因为我做出了"滚雪球"的选择。

为什么要跟大家讲这些呢？因为，一个人的思维认知不升级到一个高度，想不到有什么赚钱的方法，那他就不可能做到，甚至还有可能不相信。

　　一个人的行动是由思维高度决定的，你的认知越高，你的变现能力才会越强。认知高的人，才能赚认知低的人的钱。

　　但是，我们的认知不可能一下子很快就变得很高。它需要一个过程，这个过程有的人花的时间短，有的人花的时间很长。比如说，当一个人进入职场，一开始有青春，有热情，努力增加收入。但工作3年或者5年之后，如果你的认知和思考问题的能力还是在那个维度上，上不去的话，你的年龄却越来越大，也有了家庭，那么你会进入一个职场瓶颈期。而这个时候呢，你可能会突然发现自己还是买不了房，别人的收入都在指数型增长，而你的收入连维持线性增长都困难。想换工作，想辞职，但是又不敢。

　　为什么明明大家都付出了努力，得到的回报却截然不同？我成功从打工者变成创业者，有运气的成分，但更重要的是，我把握住了行业趋势的风口，才能够借势起飞。

　　而个人想要抓到风口，与他的认知高度、见识和格局是密不可分的。想要提升见识和格局，我们要先思考这个问题：你做的工作是让自己收获眼前的收入，还是能让自己更值钱？比如，你的工作是公司前台，或者滴滴司机，你客气地接待了顾客，然而顾客并不会记得你，只会认可你的公司服务不错，下次依然选择这个公司，仅此而已。虽然你可能会收获一个5星好评，但你不见得会有第二次的交情，对你来说，没有产生迭代。如果一个人一直没有做积累迭代的工作，那么他永远做不大，也无法赚到大钱。

　　赚钱需要目标，目标的制定也需要水平，过高的目标难以实现，太低的目标会阻拦你的进步。我总结了一个经验，比如你想一年赚10万，那么你就把目标定在双倍的难度就可以了，你必须向一年20万的目标去努力，如果你想赚100万，那么你就必须向年入200万的目标去努力。就算没有达到目标，也离你之前的10万、100万差不了多少。所以，这可以说是你制定目标时的最佳答案。

通常我们制定的目标可以适当高出你的能力范围，这样你才能逼自己全力以赴。如果你只用了刚好的行动力，自然最后不会有惊人的改变。如果你参加任何的培训只是为了听听，只输入不输出，那么自然不用去想"成功"这回事儿。

思路决定出路，没有什么东西是永远静止不前的，我们的思维要跟着改变，才能赶上时代的潮流。比如，如果有人跟你说，一个刚毕业的大学生22岁，一年赚了100万，你会怎么想？可能超过40%的人会直接认为对方是在吹牛，40%的人将信将疑，剩下20%的人才会感慨对方的成功并且想要向对方学习。

我之前经历过这样一件事情。

我曾经加入过一个要求群成员年入百万才能进的社群。当我进群后发现，群成员都很年轻，其中有很多90后。

其实，提升一个人最简单的办法就是和比你成功的人在一起，一个人的收入就是你身边好友的平均值，当你身边的人都比你差的时候，你很难想象自己也能实现逆袭。他们会用各种闲聊、聚会、游戏、逛街拖住你的手脚，当你觉得大多数人都这样，我也这样的时候，其实你已经不太有机会脱离这个圈层了。

我一直相信，你必须跟100分的人在一起才有可能学到80分，如果大家都是60分，能一起及格就不错了。真正干事业的人，是把自己的全部时间投入到事业中的，从不会抱怨前期没有收获，更不会三天打鱼两天晒网，那些你能看到的牛人都是很拼的，当你能进入到这个圈子，自然就会成功，最起码也能提升认知和精神层次。过去，我们学习的时候，都知道要坐在好学生身边，但你在工作的时候，怎么就忘记了这一点呢？紧跟时代发展与优秀的人在一起学习，还是把周围都屏蔽，活在自己的世界里，是自己的选择，也决定了最终的结果。如果你想赚更多的钱，拥有自己的事业，请一定要进入牛人的圈子，刷新自己，高效提升见识和格局，看他们在想什么、做什么。

03
让你的个人品牌价值千万？
创业者要学会打造个人 IP

最近一年来，相信很多朋友应该都听过这句话：未来，有个人品牌的人才更有价值，不被社会淘汰。在互联网时代，建设好个人品牌，比找到一份工作更重要。管理学大师汤姆·彼得斯也曾经说过一句话：21 世纪的工作生存法则就是建立个人品牌！

为什么会这么说呢？当代社会，大部分人都已经厌倦了随处可见的商业广告，相比于冰冷的企业，消费者更愿意相信一个活生生的人，正因如此，打造个人品牌越来越重要，越来越多的人意识到了这一点，并做得很好。你可以问问自己，想学 PPT 你会第一时间想到谁，想了解育儿知识，你会想到谁，想买车的话，你又会想到谁。互联网的趋势在要求我们，必须打造个人品牌。互联网趋势到底是什么趋势？主要有以下 3 点特征。

粉丝经济趋势

以前都是产品少，现在恰恰相反，缺的是把产品卖出去的人。现在，打开朋友圈，卖货的人太多了，而从用户角度看，用户有更多的选择，用户更愿意接受自己相信的品牌，或者在信任的人那里付费。粉丝经济，其实就是 IP 经济时代。举一个最简单的例子，李佳琦是很典型的粉丝经济受益者。他直播间的东西其实全网都有，为什么用户愿意去他那里买？因为他的号召力，所以大家才会去购买他推荐的产品。

社会多元化趋势

以前普通人逆袭很困难，我们很难有渠道去突破自己的社会阶层。一个人在一个工厂上班，可能就是一辈子的事。现在不是，只要你做得好，不论做什么都能照样赚钱。只要肯努力并找对方向，搞定粉丝，一定能获得远比上班更多的收入。

圈层化趋势

圈层，可以是某个行业、某个爱好或者某个话题。比如说马拉松团体、二次元团体、阅读爱好者，他们都有自己的一个团体、群，这就是圈层。而你只要找到适合自己的一个圈层，在里面做到极致，在里面打造个人品牌，就能收获成功。在互联网环境里，每个人都有自己的机会，且每个人的机会都是平等的，完全有可能实现逆袭。因此打造个人品牌，就成了一件必须做的事情。而打造一个自己的个人品牌，在我看来，至少有下面四个好处：

（1）更低成本的认知。有个人品牌的人率先完成了别人对你的认知过程，而没有品牌的人，要让别人了解你就需要花费很多的时间、精力和金钱。

（2）更好的信用背书。比如我们在出行购物的时候，更倾向于选择价格适中的连锁品牌，这就涉及了信用背书的问题。

（3）更高的价值属性。比如，尽管我们知道名牌包的成本价格比较低，但我们依然会选择接受他的高价，就是因为我们接受了品牌溢价。

（4）更多的话语权。话语权是品牌最核心的东西，能帮你决定谁说了算。当你有品牌影响力之后，你就有了甲方的优势，继而更轻松地赚钱。

给大家举最简单的例子，我们常常能看到的微商其实分为两种：没有价值输出能力，只会卖货赚差价；有价值输出能力，给产品增加附加值。

第一种，你打开他的朋友圈，文案全部是复制的，千篇一律的冷冰冰的文案，让人毫无欲望。这样的广告，有人看到想买就能赚钱，没人买就赚不到钱。第二种，通过自己技能或者内容输出能力，写文章、讲课、培训等等，展示自己，吸引用户，顺便卖产品，最后赚钱，而且赚得还很多。

你认为哪种人会有更好的发展？肯定是第二种对不对。这就是个人品牌的魅力。无论你处于什么年龄阶段、处于什么职位、从事什么行业，你都应该意识到建立个人品牌的重要性。比如，我通过打造个人品牌，成为很会写职场的创投大叔，目前全网在线学员超过5万人，跨进了月入百万的门槛。所以，每个人都可以成为一个品牌！因为，一旦有了个人品牌，你的事业就会一路开挂。

我们不妨思考一下，你要付出多大的努力才能在职场上达到年入百万？很容易你就能找到这当中的难度。那么，我们普通人，在没钱没人脉的情况下，是不是就没有崛起的机会呢？以我亲身经历所总结的经验来看，普通人完全可以在这个时代，没钱没人脉的情况下达到年入百万。我们处在这个移动互联网时代，一部分人充当了"特殊角色"，我称之为IP。这种角色游刃有余，贯穿雇主和雇员之间，既承担一些乙方的工作量，又部分拥有甲方的话语权，把一个人当成一家公司在经营。这个IP，就是个人影响力，本质上就是流量、人脉，而人脉也就是财脉。只要你有勇气、有梦想，你就能通过打造个人品牌，在你所处的领域或是社会上占据一席之地！

只有当我们掌握了打造IP的捷径，事业才会少走弯路。

那么我们不妨思考一下，什么是个人品牌？

个人品牌，即你在目标受众的头脑心智中归档占位。让我们来打个简单的比方。

男孩对女孩说：我是最棒的，我保证让你幸福，跟我好吧？——这叫推销。

男孩对女孩说：我老爹有3处房子，跟我，以后都是你的。——这叫促销。

男孩没对女孩表白，但女孩被男孩的气质、风度所迷倒。——这叫营销。

女孩不认识男孩，但她所有朋友都对男孩夸赞不已。——这就叫个人品牌。

个人品牌，简单来说就是你留给别人的印象。进一步说，就是把你的一切信息做成一个文件包，标注上你的名称，如：张某某个人品牌，李某某个人品牌，在目标受众的头脑心智中归档占位。

个人品牌的前提就是让别人认识你，看到你的价值才华。在社会中，我们每个人都充当了很多角色，职场中、生活中，会有很多人对你有一个印象，我们也可以看成是标签，而这个标签就是你的个人品牌。我们也可以称之为人设。设计好你的人设，就是在打造你的个人品牌。

个人品牌，首先你要了解清楚"个人"，这个个人就是指你这个人，你是什么样的人，你想要展示出来的自己是什么样子的，比方说大家看我会觉得很接地气，讲课只讲干货，并且我是从一个职场人逆袭的这个故事，大家应该都了解。所以，这就是我展示给大家的人设，我所发的朋友圈、文章以及视频，一切展示出来的东西，都是要围绕这个进行的。当然，每个人的特点、故事都是不同的，你要思考一下，你是什么样子的。

在立人设的时候，有三个注意点：

第一：真实性。"人设"不是贬义词，更不是把自己包装出来的一个假象，不能一味为了博眼球吸引大众，随便捏造。

大家应该也会经常看到很多什么明星人设翻车的事件，这就是他们一开始的人设没有遵从真实性这个原则。你的人设是长期的，所以你要想清楚了，自己扮演的是长期的活生生的一个人。

第二：丰富性，既然我们刚刚说你是个活生生的人，人肯定是丰富的，你身上一定会有很多特点，有丰富的点，用户对你这个人也会感兴趣。

第三：成长性。个人品牌需要长期坚守，但一个人一定是慢慢成长的，所以你也要让你的用户感受到你是在不断成长、精进的。

你是谁并不重要，重要的是要让别人觉得你是谁。

一般在我们跟别人介绍自己，都会讲：你是谁？你是做什么的？这可能很难记住，但是当加上：你和别人有什么不同？可能就很容易被大家记住。你也可以先想一想，你是谁？你是做什么的？

同样的内容，采取不同的表达，会达到完全不同的效果：我是一家企业的CEO，我是做袜子来卖的；我是一家企业CEO，我是希望让所有人都穿上最舒服的袜子。这两句话有本质上的不同。

这当中的差别并不是讲哪个吹牛了，而是希望你能知道，自己到底是做什么的。

你必须有使命、定位、愿景、价值观。

当你明白了这些问题，那么你就知道谁是你真正的用户了。

所谓的个人品牌，简而言之，就是你在你的用户脑海里的人设。这个地方要注意，是在你用户脑海中的人设，不是你觉得的人设。这很重要。让别人知道你这个人设：你是谁？你是做什么的？你与别人有什么不同？你不说，别人怎么会知道这些呢？你得想办法告诉你的用户，让他们听得到你的声音。那么，我们如何才能让对方知道我们的人设是什么？

这里有三步我们可以参考：找到你希望知道你人设的人；了解他们平时都在哪；不断通过各种内容输出，告诉他们你的人设。

比如我自己，我希望职场或者想创业的同学，知道我的人设是帮助大家职业规划和创业赚钱的。那么我就知道这些人一定会聚集在一些网站上看文字，比如知乎、简书、头条号、公众号等内容的网站，然后我就不断输出各种职场类文章。读者们看到我的文章，想进一步交流的，自然会主动来找我。总之就是，你的人设应该出现在你用户出现的地方。如果他们喜欢玩抖音，那你就多拍拍抖音。如果他们喜欢看干货文章，那就多写一些干货文章。再不济，我们人人都有的微信，好歹可以发个朋友圈。

整天坐在办公室里，朋友圈设置三天可见，是不可能做成自己的个人品牌的。我从前也是一名技术男，然而现在我转型成功了，大家必须改变传统上班族的思维，必须要敢于展示自己。哪怕是真的一直坐在办公室，你也肯定有自己的学习和思考。只要是跟你人设相关，为什么不多分享分享呢？

不过这件事其实是有成本的，其中时间就是最大的成本，所以，你更要把自己的时间花在更有用的地方。另外还得去好好研究下，在你这个行业内，有没有人和你一样在搞个人品牌的，把他们找出来，挨个分析他们的差异点是什么，然后去看自己的差异点是不是跟他们一样，有没有比他们更好。

我举个例子，大家更好理解，很多人都是做个人品牌咨询师的，有的人处于一个很高端的平台，有着很完善的宣传和包装，内容也不错，拥有比你更好的影响力。这个时候，你就得搞差异化、重服务了。比如，你对你平台的学员进行一对一亲自辅导，服务一年。同时带他一起做IP全方位的搭建，免费参加你一年内所有的课程和培训课程。每周保持沟通3次。距离近的，集中约线下见面。然后你再把你做的这类真实案例晒出来，让大家知道。

据我了解，没有多少大咖会重服务进行一对一咨询，他不做，你来做，就能帮你积累口碑和新人。我在两年前，只要报名参加了我39元课程的学员，都可以得到一对一咨询，我每天早上7点就开始给学员做咨询了。

这样一来你就有了差异化，也就回答了"你与别人有什么不同"。

想清楚，你的产品对你的用户有什么价值，你能帮助他们解决什么问题，基于对用户的深度了解再来回答这个问题。

还有一个很重要的点，我们可以多去问问你的用户，听听他们觉得你是怎样一个人，再对比下看看对方描述的是不是你想的那个人设。如果不是，那就要问问，究竟是什么让他们产生了不一样的认知，然后在今后的行为中进行修正。

还有几个建议：

（1）不要去抄袭别人的东西。赢家通吃效应告诉我，别人怎么做，你也怎么做的话，你一定做不过别人。

（2）不要和别人正面刚。所有行业内都一定会有厉害的人，不要跟他们硬碰硬，你很难打得过，不妨学会换个山头重新开始，别盯着那么点东西。

（3）一定要给自己贴好标签。不要随便给人贴标签，但是一定要把自己的标签贴大了，让人一看到这个标签，就能想到你。当然，别人已经贴超级大的标签，也就不要去走他们的路了。重新给自己找一个新的标签，然后在每一次输出内容时带上这个标签。标签也不要太多，一般三个足够了，不然用户是记不住的。所以说，个人品牌这个事情没有那么复杂，就是在用户脑海中留下的印象。

本节小结

你是谁？你是做什么的？你与别人有什么不同？到你的用户多的地方输出内容，不断告诉他们你的人设。另外还要保持持续的输出，持续告诉别人你的人设。

千万注意：不要去抄别人的；不要和别人正面刚；一定要给自己贴好标签。

04
运用新创业赚钱模式，快速搭建变现闭环

想要运用新创业赚钱模式，快速搭建变现闭环，我们必须要问自己两个问题：你创业靠什么来赚钱？如何获取目标用户，找到流量变现新的突破口？

你创业靠什么来赚钱

是靠才华，打造个人品牌影响力来营销自己，把自己变得很厉害、很专业去吸引更多的人来找你寻求帮助，你从而收费变现？还是通过做一个中间商，在甲乙双方之间提供你的价值赚差价，或者是你有好的产品，招募合伙人一起推广赚钱？

总之，你的定位一开始就要清晰，明确你的客户群体是哪一类人，你能帮助他们解决什么痛点问题。

切记，一开始做的事情不要追求多而广，你要在这个信息爆炸时代，用高度垂直的领域，去打造自己的影响力，集中注意力和有限的时间在一个领域成为专业人士，在后面运用中，不断强化、重复、注重对客户的满意度，解决他们的问题，建立粉丝信任基础，最后有了信任才能成交赚钱。

因为，你如果专注，更容易在一个领域成为佼佼者，吸引的客户也比较精准，粉丝的质量也比较高。

所以，你的定位一开始就要清晰。

如何获取目标用户，找到流量变现新的突破口

首先，不管你之前做什么行业，必须勇敢地秀自己，展示我们的能力给我们目标客户，吸引客户。有些人比较内向，那么必须要改一改了。

现在很多传统行业的人都说钱越来越难赚了，本质上是流量都往线上跑了，而一切生意的本质就是流量。

曾经单纯卖货的时代已经过去了，靠泛粉流量变现越来越难了，所以很多百万大号，没有 IP，只能赚点小钱，流量红利已经结束了。

互联网创业的下半场，前面大家已经把很多用户的认知提高了多个维度，那么我们就必须提供更优质内容，深度服务，精细化运营。未来，有一个精准流量新入口就是社群，通过把粉丝引入社群，深度服务，最后转化变现。

这个时代，最焦虑的一群人是 25 岁到 40 岁之间的人。所以，我大部分读者都是这一群体，如今我也在奔四的路上了，所以我的发声都是代表这一群体在发声。

他们总是很焦虑，因为工作好几年，马上到了成家立业的年纪，却还是对自己的未来一片迷茫。觉得眼下的工作没什么前途，却又不知道自己还能做什么，赚得太少，却又不敢轻易辞职，跳槽也不敢保证获得高薪。

还有些人40岁左右，暂时收入还可以，但总觉得事业到了瓶颈期，个人发展已经停滞，在单位再这样熬下去，难保有一天不被老板炒鱿鱼，待人到中年，上有老下有小，再转型恐怕风险太大。思前顾后，不知道下一步该怎么走才是正确的。

在这种情况下，我们只要抓住这群人的痛点，找到他们的需求，有市场，就有钱赚。如果你做的生意，清晰你客户的用户画像、年龄、性别、需求，甚至区域，那么你一定很容易赚钱。

人口这么多，市场这么大，我们该如何吸引和满足消费者心理呢？

1. 抓人心比抓流量更容易让客户主动买单

当下的年轻人究竟爱什么？怕什么？缺什么？

下面有段描述我觉得最恰当不过了，那就是"爱美、爱玩、爱健康；怕老、怕死、怕孤独；缺爱、缺心情、缺刺激"。

简单来说，就是要体现精致的文化品位，让消费变成一种情绪抚慰的过程。就像很多人报名了很多在线课程，但是我们研究发现，很多人根本没有听，或者只听了一两节课，后面就没有再学习了，为什么？

因为很多人买的是那一刻的焦虑，后面又因为工作、家庭、生活方方面面的事情而搁置了，也就没有持续行动。还有一种人，也听完了，但就是不行动，只输入不输出，这就是很多人说，明明报名学习了很多课程，却依然改变不了现状的原因。

举个通俗的例子，大家也许会明白，大家真的觉得星巴克咖啡好喝到爆吗？重点不在它有多好喝，而在于它能满足你作为某个阶层的象征，能修复你劳累了一天的心情。

所以，大家发现没有，抓人心比抓流量，更容易让客户主动买单，更容易让大家愿意跟你干。

2. 如何建立心智产权，成为永久销售爆款？

答案就是：重认知！

市场竞争有两种壁垒：一种是知识产权壁垒，另一种就是心智产权壁垒。更重要的是后者。

比如果冻，我喜欢吃喜之郎，因为是喜之郎打开了我对果冻的认知，那么之后出现的笑之郎、哭之郎不管再怎么好吃，我只记得喜之郎。

还有这两句广告词"怕上火喝王老吉""困了累了喝红牛"。

也许多年后我们不会再喝红牛了，但是这句广告词却让我们久久不能忘怀。

一旦建立起心智产权，要坚持50年不动摇。比如，大家想赚钱就找沈老师，就是要建立这样的心智产权效果。

这就是为什么第一认知，对人有不可替代的影响的原因，也就是，如何让客户需要你时，第一时间想到你。

3. 移动化和被动化，持续建立信任保护层

抓两化！

两化指的是在互联网时代下的移动化和被动化。这是一个移动互联网时代，做生意优先线上，等线上成熟，再往线下发展，这样不容易失败。

移动化，就是人人都玩手机。

被动化，就是让用户被迫接受信息。

抓住用户必经的生活空间。比如电梯、电影院映前广告、机场广告、公交站牌等，所以在移动互联网时代，没有选择就是最好的选择。

比如，你的粉丝每天在公众号、微信社群、朋友圈，以及各个主要平台都看到你的信息，那么就会对你产生信任，从而促进日后成交变现。

如果能抓住这四点，你就已经抓住了大部分人的心了。

4. 新创业赚钱模式远远优于传统创业

首先，新创业有四大特点。

第一个特点，是鼓励创业者基于微信朋友圈，社群，知识付费在线平台，各大自媒体移动互联网的基础工具。结合自己的原先业务来创业做大，或者结合时代发展趋势重新定位，开辟一条新的事业。

第二个特点，新创业讲究追求持续赚钱，而不是一夜暴富。（1）让普通人告别拿死工资，前期一个人通过运营，完全可以活成一家公司，几乎零成本从打工者向创业者转型。（2）让你的事业多元化发展，实现收入指数型倍增。（3）摆脱朝九晚五，不限地点，移动办公轻松创业。

第三个特点，从传统创业理念以卖货为中心的创业，变成以人为中心，打造IP角度，从卖个人品牌，迈向卖服务，卖价格阶梯式的思维进行创业。

第四个特点，是基于个体"小而美"创业，并且有裂变流量机制，让用户或者粉丝，以及学员，在微信朋友圈、社群、知识付费在线平台、各大自媒体社交平台中，引入商业模式，通过一些创业项目变成公司合伙人或者是经营者。

我们结合新创业的四大特点，逐渐形成变现闭环：重度垂直定位；建立个人IP；自建粉丝池；转化客户；口碑服务裂变；合伙人团队；基于用户认知升级商业模式。

传统赚钱方式大多是以低价产品为中心来引入流量，通过漏斗转化模型，一层一层地将流量转化为购买高价产品，如今线上流量费用高昂，光是淘宝、天猫等平台自己获得客户成本高达200元到300元一个人，其他创业项目或者是平台上商家成本更加高昂，通过产品来引流，后端转化变现的创业思路或者路径，变得非常艰难。

为何我提出来的新创业赚钱模式、闭环方法论，要远远优于传统的创业呢？

主要优势在于，前端新创业获取流量成本更低，甚至可以不用钱，以个人IP为入口来获取流量的路径就变得广阔无边，公众号、头条号、简书、知乎、百家号、微博、抖音等等，都是你的流量入口。

获取流量的成本要比卖低价产品获取客户低很多，后端客户的价值更高，一高一低，使得创业效率提升几倍甚至几十倍，利润高，成功的概率自然就高。

同时，用定位清晰的IP，不仅仅降低了流量成本也提升客户的黏性，这也是为什么网红店竞争力比单纯卖货的店铺更加强的原因，对人的信任要远远好于对于产品的信任。

这两年，实体店获取流量成本越来越高，运营成本偏高普遍不赚钱，大家都陷入价格竞争，如果继续采用旧的创业模式没有出路，但是，当你有了新创业理论，再加上移动互联网的思路，面对着一片创业蓝海。

首先流量成本更低，其次，从商业模式的维度上看，跳出了价格竞争，有 IP 的人，同样的产品可以卖得更好，如果创业跟人家比成本，看谁的成本更低，是没有未来的，要强调思路，拥有话语权，赚竞争对手看不见的钱。

大家在传统创业过程中，有时候容易陷入一个误区，就是我要创业，就是要把我的产品服务做到极致，虽然这看起来是个很正确很正能量的想法，但是，我不完全赞同这个观点，虽然好产品好服务是必须要做的，但是只是一个基础，一个 90 分的产品和 100 分的产品虽然只相差 10 分，可能你要用 10 倍的时间精力去打磨，这个代价是极大的，在一定的产品和服务的基础上，我们应该以人为中心去无限贴近自己的消费者，为什么现在社交电商和社群电商那么火，就是因为这种新创业模式可能会替代或者是部分替代掉我们旧的创业模式。

2019 年微信之父张小龙演讲时举了一个卖货的例子。

一件商品挂在 App 里面不容易卖出去，但是你在自己的朋友圈里面看到就容易成交，为什么？

这就是新创业的理论信任背书，人是活生生的、有情感的，就是人的背书的力量。

基于这一点，我们应该受到启发，卖产品不如卖自己，自己是一个有血有肉有情感、有故事有历史的人，自己才应该是最好的项目，新创业是互联网时代最佳方式。

自媒体头部的大号大家都知道 papi 酱、罗胖，一提到他们脑海里第一时间就浮现出一个集才华与美貌于一身的女子，一个每天坚持更新 60 秒语音的知识网红胖子。如果他们把自己的名字变成某某信息技术或者是教育管理有限公司，应该没有人再去看冷冰冰的公司。货架时代已经过去，个人品牌比公司有温度得多，我提出的新创业是基于个体创业的基本上，是人人都可以使用的。

我们回头看一看那些很普通的宝妈，她们没有什么才华，没有高学历，甚至一开始都不会拍视频，不会发朋友圈，但是通过学习，很多人能够做到几十万几百万甚至几千万的生意，就是因为她们当中做得好的人，采用了新创业模式。

无论你是经营实体店还是做传统生意，新创业的逻辑其实就是，通过多个自媒体平台、在线知识付费平台、微信朋友圈、社群取得他们的信任，交费成为你的学员、合伙人、代理或者回头客，有自己的粉丝流量池，然后拉进社群运营，营造场景消费，所以基本上从中小工厂、中小服务店到个体的创业者、工作室都适合新创业的模式，都适合去做这个市场。

如果，你只是简单进行卖货，短期成功几年之后很容易失败，你只有虚的知名度，号召力不够，业务也坚持不久。

最后，建议大家不要过分地关注太超前的理论，抛弃这些虚无缥缈的理论，个体创业者还不如踏踏实实的输入到输出，打造影响力变现，这样更务实，更接地气。

一、你创业靠什么来赚钱？

二、如何获取目标用户，找到流量变现新的突破口？

三、新创业赚钱模式远远优于传统创业。

05
新创业多渠道变现，实现零成本高效创业

本节，我们来梳理一下变现的渠道方式：做一对一咨询；知识付费在线课程；训练营；出书；自媒体平台接广告；孵化学员，共同创业；对接机构和平台合作项目。

接下来，让我们展开看看各个渠道是怎样运转的。

一对一咨询

我一开始在公众号平台写文章的时候积累了一些读者，因为当时我是一边上班一边在写文章的，很多都是写的我对于职场人和打工人的一些思考和观点，很能引起大家的共鸣。

随之就有很多人经常在后台留言问我一些问题。再后来就有一些关注我很久的老铁加我微信，私信我一些他们的困惑，请我帮助他们。

一开始人不是太多的时候，我都是免费回答的。后面越来越多，一天可能有几十个读者微信我。我白天上班，晚上要抽时间码字，还要回答读者的问题，每天的睡眠时间就五个小时左右。

后来，我就通过付费的方式做筛选，一开始是付 99 元一对

咨询。咨询的人数越来越多，我就把价格调到越来越高。从99元到999元，在这期间我大概给2000多个人做过咨询，在给不同行业的人做咨询的过程中，我最大的收获不是赚了钱，而是我的思维认知越来越高，接触、了解了各个行业的信息，以及很多人的痛点。

这是一种双向的学习，别人问我一些问题的同时，其实我足不出户也获取了资源信息。

咨询这件事很多人看不上，觉得太累。在刚开始新创业的时候大家一定不要怕吃苦，路是一步一步走的，胖子也是一口一口吃出来的。前期要脚踏实地进行积累，咨询是最好的跟用户连接、了解他们需求的方式，为后面做线上知识付费课程做了铺垫。

知识付费在线课程

我们前期跟用户做了大量的沟通咨询，这时候就非常能精准找到课程的选题了。

比如，我的读者很多都是30岁—45岁之间的，是人生的黄金年龄段。这群人的特点就是很上进，追求自我成长，喜欢学习。同时这群人跟我一样，还是一个"夹心饼干"，上有老下有小，还有房贷车贷，所以对赚钱有着强烈的渴望。

那么，我就根据用户的需求出了一些能帮助大家赚钱的课程，比如，分享如何打造个人品牌、朋友圈运营、社群风口……

这些课程当时在荔枝微课平台上卖了几万份，能卖这么好，很大一部分原因是前面咨询时的积累。

我这边强调一下，做课程的目的，赚钱是次要的，最重要的是扩大自己的影响力、知名度，打造个人品牌。

你想，用户听了你的课程，他会去搜你的公众号，加你的微信。因为你可以在课程里留你的联系方式。报我课程的学员，加我微信，我会送社群。这样沉淀到私域流量池，我们就可以反复触达用户了，方便后面转化其他的产品。

记好了，未来最贵的资产不是房子股票，是私域流量！

开办训练营

这也是非常重要的一个环节。训练营是需要阶梯式设计的。大致分为引流营、正式营、高阶营。每层训练营之间需要环环相扣，步步升级。就跟漏斗一样，一层一层筛出不同级别的用户。

我觉得所有的生意都可以通过训练营再做一遍，训练营是生意的衔接口。比方说，你如果是开美容店的，那么你可以开一个教别人如何保养，永远保持 18 岁的秘诀，类似这样的一个训练营，收费便宜一点，训练营不是盈利点，是来承接后端高客单价项目的。如何开办训练营我们在前面的章节都已经讲了，这边我就不再赘述了。

出书

李笑来老师在《财富自由之路》里说，我们在刚开始工作的时候，基本上都是靠出售自己的时间来换取收入，一天 8 个小时工作的时间，只是把单位时间出售了一次。

所以，你看，如果是这样的话，要想提高收入，要么你就增加你的工作时长，比如由 8 个小时变成 16 个小时。要么你就提高单位时间的销售数量。是不是？

但是，第一种增加工作时长的方法是有局限的，一个人一天最多只有 24 小时，你不可能不睡觉不吃饭的吧。所以，我们最好的办法是选择第二种，提高单位时间的销售数量。那么出书和卖线上课程都是这种商业逻辑。

同时，出书也是打造个人品牌影响力的一个很好的方式。我是 2017 年年末开始写公众号的，2018 年开始就陆陆续续有出版社联系我问我要不要出书。

我当时一愣，在我的认知里，能出书的人都是一些非常知名的大人物，我这种普通人出书不太可能吧？后来我跟出版社的人详细了解了一下。

普通人想要出书的话，如果自己没有什么粉丝和知名度，那么可能出版社会要求你在书出版后自己掏腰包购买一定数量的书。这样能保证他们不会亏本。

我跟出版社说，书我肯定是要出的，但不是现在，等我沉淀两年。写书和写文章是不一样的，写书是需要框架和统筹的，写文章可能你只要把主题观点表达清楚就差不多了。

当然，我们看到市面上很多人的书是把公众号、自媒体平台上的一些爆款文章打包整理出来的。出版社的人给我过这样的建议，因为，我已经写了 1000 多篇原创文章了。但是我总感觉这样不是很好，我还是想写一本对别人有用的书。

在这里，我建议大家如果条件成熟，在自己擅长的领域有一定积累并取得一些成绩的朋友们，最好都要出一本书。当你老了，要离开这个世界的时候，这将会是你留给这个世界最宝贵的东西，证明你曾经来过。

自媒体接广告

公众号、抖音、B站、小红书这些平台，当你的粉丝有了一定的用户基数后，就会有人过来找你投放广告了。

广告合作模式基本分为这几种：

CPC（Cost Per Click），这种推广方式是按照点击量来进行收费的。

CPM（Cost Per Mille），是一种按照千次曝光进行计算收费的方式，假设收费方式为10元/CPM，那么每一千个人看见推广广告，你就需要给推广商支付10元。

CPA（Cost Per Action），是一种在完成推广后按成交订单数量计费的推广方式。更适合购物类App进行推广，但是需要精确的流量进行数据统计转换，很多软件都通过此类方式成功推广。

还有一种就是直投，就是直接一条广告报一个固定的价格，不管后面卖出多少销售额都跟你无关。报价是根据你的粉丝数量、粉丝用户群体画像、点击量等等这些因素综合评估报价，一般公众号的广告报价是一个阅读1—2块钱，这要看具体的项目，有的项目利润高，价格可以报高些没有关系，有的项目利润很低，价格报太高了就不太合适。

接广告这种变现的好处是很省事，只要发一下就行。不像开训练营，我们是需要人力和精力去服务用户的。但接广告也有弊端，就是不稳定，无法自己掌控。而且广告发得多了后，很多粉丝就会被洗走了，跟我们自己的黏度就弱了，不利于我们自己的业务开展。

所以，变现方式一定要多元化，不能依赖一种方式变现。

孵化学员，共同创业

大家听过费曼学习法吗？意思就是说，教是最好的学，任何一个知识，我们想牢牢掌握住，那么你就要去教别人。在教的过程中，你的学习效果是最好的。

所以，我建议大家在学习的时候，不要认为自己是一个学生，而是你要把自己当成老师，你所学的任何东西都是要去教别人的。

我的新创业项目就是这样的，不仅仅是教大家如何线上低成本创业，而是带领大家一起赚钱，我们给新创业的伙伴设置了高达40%的奖励，也就是说，你学完后，不管你卖我们的哪个产品，都会有非常高的奖励。这是鼓励大家去在教别人的过程中提升自己，逼自己不断进步。在帮助别人的过程中自己也顺便赚到了钱。

对接机构和平台合作项目

我们有粉丝有流量后，不仅仅是做自己的业务，还可以去整合资源一起合作，共同创业。我做了一个创业联盟平台，和我的私董会成员一起联合做项目。

我始终认为，一个人可以走得很快，一群人可以走得更远。单打独斗已经成为过去，抱团取暖才是未来趋势。

本节小结

1. 一对一咨询

2. 知识付费在线课程

3. 开办训练营

4. 出书

5. 自媒体接广告

6. 孵化学员，共同创业

7. 对接机构和平台合作项目